先驱体转化陶瓷纤维与复合材料丛书

航天透波复合材料

——先驱体转化氮化物透波材料技术

Aerospace Wave-Transparent Composite Materials

— Polymer Derived Nitride Ceramic Wave-Transparent Materials

李　斌　李　端　张长瑞　曹　峰　王思青　著

U0249381

科学出版社

北　京

内 容 简 介

  航天透波材料是广泛应用于各种航天器通信系统的一种结构/功能一体化材料。在飞行器中，透波结构按照应用部位的不同，主要分为天线罩与天线窗两大类。天线罩/天线窗既是飞行器的结构件，又是无线电寻的制导系统的重要组成部分；既要承受飞行器在飞行过程中的气动载荷、气动热等恶劣环境，又要作为发射和接收电磁信号的通道，保证其与外界的正常通信。因此，研制和开发高性能航天透波材料，对于航天制导系统的发展具有重要意义。氮化物陶瓷基复合材料是目前航天透波领域研究的热点和重要方向之一。本书较全面地对作者十多年来在先驱体转化氮化物透波复合材料领域的研究成果进行了总结，系统介绍了透波结构的设计、无碳氮化物陶瓷先驱体的合成、氮化物透波复合材料的先驱体转化制备工艺以及透波复合材料的性能试验方法等内容。

  本书可为从事航天制导系统和透波复合材料研究、开发与生产的相关人员，以及从事航天器热防护系统和民用雷达通信设计与应用的相关人员提供参考。

图书在版编目(CIP)数据

  航天透波复合材料：先驱体转化氮化物透波材料技术／李斌等著. —北京：科学出版社，2019.5
  （先驱体转化陶瓷纤维与复合材料丛书）
  ISBN 978-7-03-061005-8

  Ⅰ.①航… Ⅱ.①李… Ⅲ.①航天材料 Ⅳ.①V25

中国版本图书馆 CIP 数据核字（2019）第 067573 号

责任编辑：徐杨峰／责任校对：谭宏宇
责任印制：黄晓鸣／封面设计：殷 靓

科学出版社 出版
北京东黄城根北街 16 号
邮政编码：100717
http://www.sciencep.com

南京展望文化发展有限公司排版
广东虎彩云印刷有限公司印刷
科学出版社发行　各地新华书店经销

*

2019 年 5 月第 一 版　开本：B5(720×1000)
2024 年 4 月第十次印刷　印张：12 3/4
字数：213 000

定价：90.00 元
（如有印装质量问题，我社负责调换）

先驱体转化陶瓷纤维与复合材料丛书

编辑委员会

丛书序

在陶瓷基体中引入第二相复合形成陶瓷基复合材料,可以在保留单体陶瓷低密度、高强度、高模量、高硬度、耐高温、耐腐蚀等优点的基础上,明显改善单体陶瓷的本征脆性,提高其损伤容限,从而增强抗力、热冲击的能力,还可以赋予单体陶瓷新的功能特性,呈现出"1+1>2"的效应。以碳化硅(SiC)纤维为代表的陶瓷纤维在保留单体陶瓷固有特性的基础上,还具有大长径比的典型特征,从而呈现出比块体陶瓷更高的力学性能以及一些块体陶瓷不具备的特殊功能,是一种非常适合用于对单体陶瓷进行补强增韧的第二相增强体。因此,陶瓷纤维和陶瓷基复合材料已经成为航空航天、武器装备、能源、化工、交通、机械、冶金等领域的共性战略性原材料。

制备技术的研究一直是陶瓷纤维与陶瓷基复合材料研究领域的重要内容。1976年,日本东北大学 Yajima 教授通过聚碳硅烷转化制备出 SiC 纤维,并于1983年实现产业化,从而开创了有机聚合物制备无机陶瓷材料的新技术领域,实现了陶瓷材料制备技术的革命性变革。多年来,由于具有成分可调且纯度高、可塑性成型、易加工、制备温度低等优势,陶瓷先驱体转化技术已经成为陶瓷纤维、陶瓷涂层、多孔陶瓷、陶瓷基复合材料的主流制备技术之一,受到世界各国的高度重视和深入研究。

20世纪80年代初,国防科技大学在国内率先开展陶瓷先驱体转化制备陶瓷纤维与陶瓷基复合材料的研究,并于1998年获批设立新型陶瓷纤维及其复合材料国防科技重点实验室(Science and Technology on Advanced Ceramic Fibers and Composites Laboratory,简称 CFC 重点实验室)。三十多年来,CFC 重点实验室在陶瓷先驱体设计与合成、连续 SiC 纤维、氮化物透波陶瓷纤维及复合材料、纤维增强 SiC 基复合材料、纳米多孔隔热复合材料、高温隐身复合材料等方向取得一系列重大突破和创新成果,建立了以先驱体转化技术为核心的陶瓷纤维和陶瓷基复合材料制备技术体系。这些成果原创性强,丰富和拓展了先驱体转化技术领域的内涵,为我国新一代航空航天飞行器、高性能武器系统的发展提供了强有力的支撑。

CFC 重点实验室与科学出版社合作出版的"先驱体转化陶瓷纤维与复合材料丛书",既是对实验室过去成绩的总结、凝练,也是对该技术领域未来发展的一次深入思考。相信这套丛书的出版,能够很好地普及和推广先驱体转化技术,吸引更多科技工作者以及应用部门的关注和支持,从而促进和推动该技术领域长远、深入、可持续的发展。

中国工程院院士
北京理工大学教授

2016 年 9 月 28 日

本 书 序

航天透波材料是在高热流、强载荷、大力矩等综合作用下，仍能正常实现信号准确传输的一种结构/功能一体化材料。为满足飞行器的正常工作，透波材料必须具备稳定、优异的高温介电性能，足够的高温力学性能，良好的抗烧蚀、抗冲刷、抗热震性能。航天透波材料的研究是一项包括材料学、化学、机械、电磁场理论、天线技术、空气动力学、热力学、制导与控制、检测技术等诸多学科领域的系统工程。研制耐高温、抗烧蚀、高强度、低介电、低损耗、易成型、高可靠的透波材料，对新型导弹与空间作战飞行器的发展具有重大意义。

针对航天透波材料领域的关键科学与技术问题，国防科技大学航天透波材料团队历时十余年，以先驱体的合成及其陶瓷化为主要技术途径，研发了具有优异综合性能的氮化物陶瓷基透波复合材料及其制备工艺，解决了高马赫数精确制导武器急需的高温透波材料难题，实现了先驱体转化氮化物透波复合材料从原理设计、技术攻关到工程研制的跨越，建成了具有完全自主知识产权的研发、生产技术体系。该团队先后为多个重点型号成功研制透波部件，为我国重大型号武器装备的研制和发展提供了关键技术支撑。

本书全面总结了作者团队在航天透波领域多年的研究成果，系统论述了先驱体转化氮化物透波复合材料的设计思想、先驱体合成工艺、复合材料制备与成型技术以及试验方法，内容丰富，逻辑严密，分析深入合理，具有很强的学术性和先进性，是一本不可多得的融合基础理论和工程实践的学术专著。相信本书的出版会为相关领域的研究和发展提供有价值的参考。

中国工程院院士 周玉

2019 年 1 月 2 日

前　　言

"精确制导、远程打击"是新型导弹的普遍特点与发展方向。其中,作为关键部件的天线罩,在飞行中面临极为恶劣的工作环境。例如,中远程精确打击导弹在再入阶段,其天线罩遭受严重的高温、高压、噪声、振动、冲击和过载;高马赫数巡航导弹在大气层长时间高速飞行,其天线罩面临长时间的持续气动加热和冲刷。因此,研制集耐高温、抗烧蚀、高强度、低介电、低损耗、易成型、高可靠性等多种优异性能于一体的透波材料及天线罩,在新型导弹与作战飞行器研制及开发中极为关键,是瓶颈和难点技术之一。

氮化物陶瓷具有非常优异的热稳定性、抗热震性和介电性能,而且,它在很宽的温度范围内具有极好的热物理性能和介电性能的稳定性。在高温透波材料领域,与目前常用的二氧化硅材料相比,氮化物陶瓷的力学性能、耐高温性能、抗烧蚀性能更佳。因此,氮化物陶瓷基透波材料已成为国内外新一代高温透波材料的研究热点。

国防科技大学自2003年起,在张长瑞教授的带领下从事氮化物高温透波复合材料研究。从氮化物先驱体的合成出发,在国内率先采用先驱体浸渍—裂解(PIP)工艺,成功研制了石英纤维增强氮化硼、石英纤维增强氮化硅、石英纤维增强硅硼氮、氮化物纤维增强氮化硼等多个透波复合材料体系,它们具有优良的耐高温、透波、承载和防热等综合性能。在国家自然科学基金、国家863计划、国防基础科研、武器装备预研、军品配套科研、国家重大专项等项目的长期支持下,氮化物陶瓷基透波复合材料已从实验室基础研究和工艺探索阶段进入工程化应用阶段,突破了大尺寸异型构件的近净成型技术,相关材料和构件已应用于我国新型航天飞行器和导弹系统中,为我国国防现代化建设做出了重要贡献。

本书总结了作者十多年来在氮化物高温透波材料领域的研究成果,系统地介绍了 BN、Si_3N_4 和 Si－B－N 陶瓷先驱体合成、交联与裂解,复合材料的制备工艺、结构和性能,界面改性,构件成型、加工及检测试验技术等。

　　本书共 6 章。第 1 章"绪论"由张长瑞、李斌执笔,简要介绍航天制导系统和透波材料的应用背景、基本要求、发展历程、制备工艺;第 2 章"透波结构的设计"由李斌执笔,主要介绍透波设计的核心问题,透波结构的电性能设计、力学性能设计及天线罩连接方案设计;第 3 章"氮化物透波陶瓷先驱体合成及陶瓷化过程"由李斌、曹峰执笔,主要介绍 BN、Si_3N_4 和 Si－B－N 三种氮化物透波先驱体的合成工艺、结构与性质表征以及交联裂解特性等;第 4 章"氮化物陶瓷基透波复合材料的制备及成型技术"由李斌、曹峰、王思青、李端执笔,主要介绍先驱体浸渍—裂解法制备氮化物陶瓷基复合材料的工艺流程、典型复合材料的性能和复合材料界面控制技术,以及大尺寸异型构件的制备技术;第 5 章"航天透波材料试验技术"由李端、李斌执笔,主要介绍透波材料的介电性能、力学性能、热物理性能、烧蚀性能的测试,以及天线罩的透波性能试验、振动试验、静力强度试验、力－热联合试验和风洞烧蚀试验;第 6 章"总结与展望"由张长瑞、李斌执笔,主要对全书进行总结,并对新型透波材料的发展进行展望。全书由李斌统稿。

　　本书的内容涵盖了课题组齐共金、李斌、王思青、姜勇刚、李俊生、邹晓蓉、刘坤、宋阳曦、邹春荣、高世涛等撰写的博士学位论文和李俊生、陈帮、刘坤、宋阳曦、杨备、李端、崔江等撰写的硕士学位论文的部分研究内容,在此感谢他们为本书编写提供的宝贵数据;同时,感谢高世涛、杨雪金、周六顺、于秋萍、侯寓博等同学对论文部分内容、插图、文献等的编写和校对。此外,感谢中央军委装备发展部,火箭军装备部,火箭军研究院,空军研究院,中国航天科技集团一院十四所、702 所、703 所、十一院,中国航天科工集团二院二十五所、三院三部、四院四部,中国航空工业集团 637 所、611 所、623 所,中国空气动力研究与发展中心,北京玻钢院复合材料有限公司,山东工业陶瓷研究设计院等多家单位为氮化物透波复合材料的研究在技术、工艺、试验及应用等方面提供的大力支持。特别感谢我国著名陶瓷材料学家、哈尔滨工业大学校长周玉院士为本书作序。

本书是国内第一部关于氮化物高温透波复合材料方面的专著,可供航空航天材料相关领域的高校师生、科研和生产人员,以及从事复合材料研发与应用的工程技术人员参考。

鉴于作者的学识和水平有限,书中难免存在不足之处,敬请读者谅解并不吝赐教。

李　斌

2019 年 1 月 18 日

目　录

第1章 绪 论

1.1 航天制导系统简介

第二次世界大战以来,各军事强国一直在积极发展各种新型导弹武器。高性能导弹在历次局部战争中,都显示了巨大威力。随着信息科学、空间技术、材料科学等的飞速发展及其相关技术在武器系统中的广泛应用,导弹也发生了翻天覆地的变化,成为精确、灵巧、杀伤力强大的高技术武器。在现代高科技战争中,以精确制导、远程打击为主要特征的导弹战正越来越显著地影响着战争的进程和结局,使导弹成为现代战争中的主战武器之一。从近年来发生的海湾战争、科索沃战争、阿富汗战争、伊拉克战争、叙利亚内战及也门冲突可以看出,各类导弹在战场上的使用越来越频繁,也发挥着越来越重要的作用[1,2]。因此,世界各军事强国均在加紧研制高速、高精度的各类战略、战术导弹。导弹实力的强弱,已经成为衡量一个国家军事实力强弱的重要标志之一。

导弹按其作战使命可简单地分为战略导弹和战术导弹[3]。无论是战略导弹还是战术导弹,命中精度都是其发挥有效作用的关键指标。导弹的制导系统就好比人的大脑和眼睛,引导其准确地寻找和攻击目标。制导系统是导引与控制导弹命中目标的仪器和设备的总称[4]。为了能够将导弹导向目标,一方面,需要不断地测量导弹实际运动状态与理论上所要求的运动状态之间的偏差,或者测量导弹与目标的相对位置和偏差,以便向导弹发出修正偏差或跟踪目标的控制指令;另一方面,需要保证导弹稳定飞行,并操纵导弹改变飞行姿态,控制导弹按所需要的方向和轨迹飞行,从而命中目标。完成前一方面任务的部分是导引系统;完成后一方面任务的部分是控制系统。两个系统集成在一起就构成制导系统。制导系统按在导弹飞行全程中的作用,可分为初制导、中制导和末制导三大类[5,6]。初制导主要用于飞行弹道初段,当导弹从发射起飞转入巡航飞行时,保证其进入预定的空域;中制导的作用是使导弹在飞行弹道中段保持正确的航向和飞行姿态;末制导用于飞行弹道末段,以保证导弹准确击中目标。

为了精确命中目标,常采用主动式末制导技术来发现和跟踪目标,并导引导弹实施精确打击。随着制导技术的发展,国内外已开发的导弹末制导方式有雷达、红外、激光、可见光电视及多模复合制导等,其中微波波段的雷达制导占据着主导地位,这主要是由于以下方面[7]:微波波段电磁波在大气中的传输损耗与红外、激光、可见光等相比要小得多,可实现较远的作用距离;在雾、雨、雪等能见度差的恶劣气候下,雷达仍具有良好的全天候工作能力;微波雷达在技术上发展成熟,在功能、精度和可靠性等方面都能满足导弹对导引头的要求。例如,美国的"猎鹰""捕鲸叉",法国的"飞鱼",意大利的"奥托马特""阿斯派德",以色列的"伽伯列",瑞典的"RBS-15"以及苏联的"冥河"等型号的导弹,均采用微波波段的主动式末制导雷达作为导引头。

为进一步提高导弹末制导的精度,导弹的雷达导引头从弹体的中部或尾部前移到了头部,图1.1所示的"爱国者"MIM-104C型导弹即是如此[8]。近年来新开发的先进型导弹,如法国的"米卡"-RF,欧盟的"紫菀"-15、"紫菀"-30等,也均将雷达导引头置于弹体的前部。此外,为保证弹体前端的雷达导引头在导弹高速飞行过程中能够正常工作,需要一个部件将导引头和外界隔离,对其提供防护,这个部件就是天线罩。天线罩位于导弹的前端,它既是弹体的结构件,又是无线电寻的制导系统的重要组成部分;它既要承受导弹在飞行过程中的气动载荷、气动热等恶劣环境,又要作为发射和接收电磁波的通道,保证信号的正常传输,从而使导弹顺利完成制导和引爆。此外,为了减小导弹头部气动阻力,天线罩还必须具有合适的气动外形[9,10]。天线罩在弹体中所处的位置及常见外形如图1.1和图1.2所示。

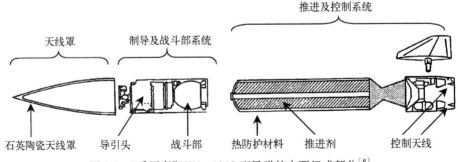

图1.1　"爱国者"MIM-104C型导弹的主要组成部分[8]

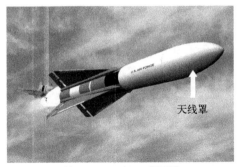

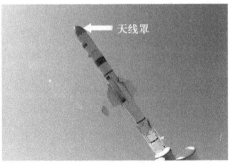

(a) AIM-4 Falcon "猎鹰"   (b) AGM-84 Harpoon "捕鲸叉"

图 1.2 美国 AIM-4 Falcon"猎鹰"和 AGM-84 Harpoon"捕鲸叉"导弹及其天线罩

1.2 透波材料的应用背景

航天透波材料是一种保护航天飞行器在恶劣环境中通信、遥测、制导、引爆等系统正常工作的多功能介质材料,在运载火箭、空天飞机、导弹及返回式卫星等领域有着广泛的应用。天线窗和天线罩是两种常见的航天透波材料结构件,如图 1.3 所示。其中,天线窗一般位于飞行器的侧面或者底部,采用平板或带弧面的板状结构,是飞行器电磁传输和通信的窗口,对飞行器的飞行轨迹控制及跟踪至关重要。天线窗的位置通常不会处在最恶劣的热力环境中,因此相对于天线罩,其对性能的要求并不十分严苛。天线罩位于导弹头部,多为锥形或半球形,它既是弹体的结构件,又是无线电寻的制导系统的重要组成部分,是一种集承载、导流、透波、防热、耐蚀等多功能为一体的结构/功能部件。

随着航天技术、新材料技术的不断进步和现代战争模式的变革,新型高马赫数导弹及作战飞行器朝着高速飞行、精确制导、远程打击、末段机动的方向发展。作为制导系统的关键组成部分,高性能天线罩/天线窗的设计、选材与制备成为新型制导武器研制的瓶颈之一。

高马赫数导弹及飞行器在高速飞行过程中,将会受到强烈的气动载荷和剧烈的气动加热[11,12],其制导系统的关键部件——天线罩/天线窗将面临极为恶劣的工作环境。例如,当远程弹道导弹再入大气层时,天线罩承受严重的高温、高压、噪声、振动、冲击和过载;高速可重复使用飞行器天线窗则面临长时间的持续气动加热和冲刷[13],以及可重复使用的苛刻要求;在恶劣的工况下,天线罩/天线窗还需实现电磁信号的高效传输,以满足制导与控制的要求[14]。因此,研

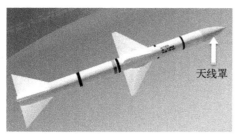
(a) 美国AIM−7 Sparrow "麻雀"导弹

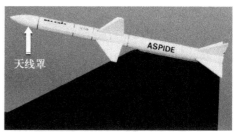
(b) 意大利Aspide "阿斯派德"导弹

(c) 美国X−43验证机

(d) 美国X−51A验证机

图1.3　常见天线罩/天线窗在弹体和飞行器中的位置

制具有耐高温、抗烧蚀、高强度、低介电、低损耗、易成型、高可靠性能的透波材料,对新型导弹与作战飞行器的发展具有重要意义。

1.3　透波材料的基本要求

航天透波材料是一种结构/功能高度一体化的材料,必须具备良好的综合性能。高马赫数导弹和飞行器透波部件对材料的性能要求主要包括电学性能、力学性能、抗热震性能和耐热性能、抗粒子侵蚀性能以及可加工与稳定性等[15],具体如表1.1所示。

表 1.1　高马赫数导弹和飞行器透波部件对材料的性能要求

基本性能	性 能 要 求
电学性能	具有较低的介电常数和介电损耗(通常要求 $\varepsilon \leqslant 4$,$\tan\delta$ 小于或等于 10^{-3} 量级),且随着温度变化,介电性能有良好的稳定性
力学性能	断裂强度和韧性高,可承受高马赫数导弹高速飞行时纵向过载和横向过载产生的剪力、弯矩和轴向力,且要具有一定的刚度,使其在受力时不易变形
抗热震性能和耐热性能	具有良好的高温强度,且具有低热导率、低膨胀系数、较高的比热,在超高温和高冲刷的环境下具有低的烧蚀率,以满足热防护需求

续表

基本性能	性能要求
抗粒子侵蚀性能	具有抗雨蚀、抗粒子侵蚀等性能,经得起雨蚀、粒子侵蚀、辐射等恶劣环境条件,能够实现全天候作战
可加工与稳定性	原料易得、易于加工、成本低廉等。此外,材料需具有良好的长期稳定性,以满足长期放置和重复使用的要求

1.4　透波材料的发展历程

世界各军事强国在航空航天复合材料领域的研发投入持续增加[16]。透波材料是研制高性能精确制导飞行器的关键材料之一,其发展历程与航空航天技术的不断进步密切相关。

最早应用于飞行器的天线罩可追溯到第二次世界大战时期。1941 年,美国制备了应用于波音 B-18A 飞机上的雷达天线罩,飞行速度低,对材料的抗烧蚀性能要求不高,因此采用了有机玻璃材料。在此基础上,美国于 20 世纪 50 年代初采用 E 玻璃纤维增强不饱和聚酯树脂制备了"波马克"天线罩[17],可用于马赫数 3 主动寻的制导导弹。

现代战争中攻防双方的节奏不断加快,要求导弹具有更高的飞行速度和机动性,导弹的气动加热环境变得更加苛刻。有机材料具有较差的耐热性,因此不适用于高马赫数的导弹。相比之下,一些陶瓷材料凭借其自身的高熔点(升华点)、良好的高温力学性能、优异的介电性能等逐渐成为高马赫数导弹天线罩的首选材料。近年来,针对单相陶瓷材料普遍存在的韧性差、可靠性不高的缺点,人们又对各种陶瓷材料进行优化设计,通过各种增韧方法制备出性能更加优异的陶瓷基复合材料,适用于制备高超声速的导弹天线罩/天线窗。

综上所述,天线罩/天线窗透波材料的发展经历了一个从有机材料到陶瓷材料,从单相陶瓷材料到陶瓷基复合材料的过程(图 1.4)。

1.4.1　有机透波材料

早期的飞机和导弹,由于飞行速度不高(马赫数小于等于 3),头部因气动加热产生的温度在 300℃以下,因此采用玻璃纤维增强树脂基复合材料即可满足要求[17,18]。

大部分传统的树脂,如不饱和聚酯树脂、环氧树脂、酚醛树脂等,其耐温

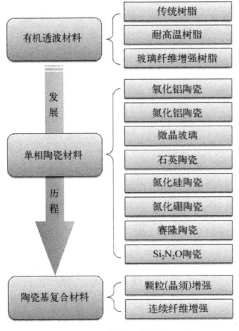

图 1.4　天线罩/天线窗透波
材料的发展历程

性一般较差,因此很多研究工作集中在提高树脂的耐高温性能上。但是,受材料本身性质所限,改进效果并不明显,难以满足高马赫数导弹飞行的需要[19,20]。

针对马赫数大于 4 的导弹天线罩,人们开始研究新的透波材料。其中,介电性能优异的氟塑料受到了关注。其典型产品是美国 Gogers 公司研制的 Duroid 5870,已成功应用于"Sparrow AIM - 71"导弹天线罩[21]。

俄罗斯开发出的织物增强有机硅树脂透波复合材料,可用于 1 500℃甚至更高的温度[22]。该材料采用牌号为 MK - 9K 的有机硅树脂作为基体,并通过加入一种可在 1 200℃左右释放出氧且不影响材料电性能的除碳剂

XO,成功地降低了硅树脂裂解后的残碳率。但是,对于 XO 的成分及除碳机理都未报道。

此外,用于天线罩透波材料的树脂还有氰酸树脂、聚酰亚胺、聚苯硫醚等。树脂基透波材料具有介电性能优异、可加工性能好、成本低等优点,在一些低马赫数的导弹天线罩中有着广泛的应用[23]。例如,苏联采用石英纤维增强改性酚醛制备出 SAM - 6 导弹天线罩;英国采用聚酰亚胺树脂制备出 CONCORDE 运输机的天线罩;美国用硅酸铝纤维和玻璃纤维增强聚四氟乙烯材料制备出可用于马赫数 3 防空导弹的天线罩等[24,25]。

1.4.2　陶瓷透波材料

陶瓷材料由于具有优异的高温性能而成为高温透波领域的主要候选材料。考虑到透波材料对介电性能的特殊要求,即介电常数较低,介电损耗角正切小等因素,可作为候选的材料屈指可数。目前,陶瓷透波材料主要包括 Si 与 Al 的氧化物、氮化硅和氮化硼,以及由上述物质组成的复相陶瓷等。部分候选材料的主要物理性能如表 1.2 所示。

表 1.2 部分陶瓷透波材料的基本性能[26-29]

性能 \ 材料	氧化铝 99%Al$_2$O$_3$	氮化铝	氧化硅 SCFS	氮化硅 HPSN	氮化硅 RSSN	氮化硼 HPBN	氮化硼 IPBN
密度/(g/cm^3)	3.9	3.26	2.2	3.2	2.4	2.0	1.25
相对介电常数/10 GHz	9.6	8.6~9.0	3.42	7.9	5.6	4.5	3.1
损耗角正切/10 GHz	0.0001	0.0001	0.0004	0.004	0.001	0.0003	0.0003
相变温度/℃	2040	2230	1713	1899	1899	3000	3000
弯曲强度/MPa	275	300	43	391	171	96	96
弹性模量/GPa	370	308	48	290	98	70	11
泊松比/(0~800℃)	0.28	—	0.15	0.26	—	—	0.23
热导率/(W/(m·K))	37.7	320	0.8	20.9	8.4	25.1	29.3
热膨胀系数/(10^{-6}·K^{-1})	8.1	4.7	0.54	3.2	2.5	3.2	3.8
比热容/[kJ/(kg·K)]	1.17	0.73	0.75	0.8	0.8	1.3	1.2
抗热震性能	差	好	好	好	好	好	好
吸潮性/%	0	—	5	—	20	0	—
抗雨蚀性能	优异	—	差	优异	好	—	差

注:"—"表示该项数据缺省。

1. 氧化铝陶瓷

氧化铝陶瓷是继有机材料之后最早被使用的陶瓷透波材料。氧化铝陶瓷具有强度高、硬度高、抗雨蚀等优点,已成功用于美国的"麻雀Ⅲ"和"响尾蛇"等导弹的天线罩。但氧化铝的热膨胀系数较大,导致其抗热冲击性能差。同时,其介电常数较高且随温度变化过大,导致天线罩对壁厚容差的要求相当高,这会给天线罩的加工带来困难。因此,一般只能用于不超过马赫数3的防空导弹上[30]。

2. 氮化铝陶瓷

氮化铝也是一种性能优异的耐高温透波陶瓷[31]。美国 Martin Marietta 公司的 Gebhardt[32] 以三乙基铝烷和氨气为原料,在较低的温度下制备出高纯度的氮化铝陶瓷天线窗材料。但是,未见单相氮化铝陶瓷在导弹上得到实际应用的报道,很可能是由于其热导率太高以及介电常数相对较高。

3. 微晶玻璃

1955 年,美国 Corning 公司开发了一种主要由堇青石组成的微晶玻璃(Pyroceram 9606)透波材料,密度约为 2.6 g/cm^3,介电常数为 5.65。其抗热震性能优于氧化铝陶瓷,且介电常数随温度和频率的变化不大。从 20 世纪 60 年代开始,该材料广泛替代氧化铝陶瓷,应用于马赫数为 3~4 的导弹天线罩,如"小猎犬""鞑靼人""百舌鸟""Tphon"及"Garlx"等导弹。中国科学院上海硅酸盐研究所也于20世纪60年代研制出3-3料方微晶玻璃,其成分和性能均与Pyroceram 9606相近,成功应用于某超声速防空导弹。为进一步提高微晶玻璃的抗热冲击性能,Corning等公司通过在堇青石结构中引入杂质相(如白硅石、钛酸镁等)的方法,开发出膨胀系数更低的Pyroceram 9603、Q以及M7等一系列产品[33],其中M7可用于马赫数5以上的导弹,其承载能力比Pyroceram 9606提高了25%。

美国Raytheon公司开发的堇青石陶瓷(Raycerm Ⅲ)具有良好的力学性能,热膨胀系数较低,抗热冲击性能优异,可用于马赫数5~6的导弹天线罩上。其主晶相为$2MgO \cdot 2Al_2O_3 \cdot 5SiO_2$(图1.5),密度比Pyroceram 9606更低,约为$2.45 \ g/cm^3$。但是,其熔点较低,成型困难,且高温下介电损耗过大,导致其实际应用受到一定限制。

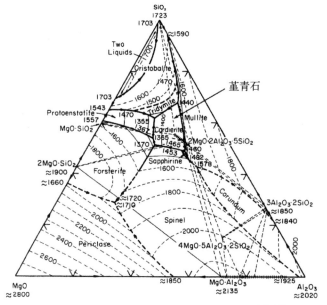

图1.5　堇青石在$MgO - Al_2O_3 - SiO_2$三元相图中的位置[35,36](单位为℃)

美国Coors Porcelain公司在空军材料实验室的支持下,联合南方研究所、麻省理工学院,以Amraam导弹为应用背景,对多晶堇青石(CD-1)天线罩进行了综合性能评价[34],但结果未见报道。

4.石英陶瓷

20世纪50年代后期,美国佐治亚理工学院在美国海军的资助下,最先研制出泥浆浇注熔融石英材料（slip-cast fused silica，SCFS），简称石英陶瓷。该材料介电常数和介电损耗均很低，且温度和电磁波频率十分稳定，热膨胀系数低。因此，石英陶瓷满足再入环境条件下的热绝缘和抗热冲击特性要求，同时可以实现较高的透波率，是一种综合性能优异的天线罩透波材料[37-39]。1963年，美国空军实验室计划将石英陶瓷材料应用于"开路先锋"战略导弹。目前，美国的"爱国者"和"潘兴Ⅱ"、意大利的"阿斯派德"、俄罗斯的"C-300"等众多型号导弹均使用石英陶瓷天线罩。我国也用石英陶瓷制备了防空导弹天线罩，并在型号中得到了应用。但是，它的力学性能较差，而且孔隙率高、较易吸潮、抗雨蚀性能差，限制了其在极端工况（马赫数大于5）下的应用[40]。

5. 氮化硅陶瓷

进入20世纪七八十年代之后，天线罩透波材料向更高阶段发展，一批新的陶瓷材料逐渐引起人们的兴趣。其中，氮化硅具有优异的高温力学性能和抗热震性能，以及良好的介电性能，因此受到高温透波领域研究者的普遍关注[41-46]。近三十年来，以氮化硅为基本组成的陶瓷天线罩材料已经成为西方各国研究的重点之一。美国陆军战略防御司令部对此高度关注，并制订了相关研究计划[47]。

20世纪80年代初，美国Raytheon公司为了开发比Pyroceram 9606使用温度更高的天线罩材料，与麻省理工学院合作研制出反应烧结氮化硅（RSSN）天线罩样件。美国Boeing Aerospace公司[48]同样利用反应烧结氮化硅制备了多倍宽频带天线罩。罩壁结构分为两层，内层较厚，为低密度（$0.6\sim1.8$ g/cm^3）氮化硅；表层较薄，为高密度氮化硅材料。这种高密度、高介电常数表层与低密度、低介电常数内层的组合，可使天线罩在宽频带范围内满足介电性能要求。另外，厚的内层也提供了足够的抗弯曲强度，而表层提供了良好的抗雨蚀性能和防潮性能。与常规的对称三层结构（A型夹层）相比，其内表面不存在高密度表层，减小了由气动、核辐射或激光照射引起的热冲击应力。

之后，以色列[49]也开发出氮化硅材料天线罩，其性能优异，介电常数为$2.5\sim8.0$，介电损耗小于3×10^{-3}，机械强度足够，抗雨蚀性能、烧蚀性能好，可耐$1600\sim1850$℃的高温。它由一层低密度（$1.0\sim2.2$ g/cm^3）多孔结构氮化硅及外加的一层高密度（$2.8\sim3.2$ g/cm^3）氮化硅组成。高密度氮化硅采用液相无压烧结技术制得，不透水且质地坚硬，以增强抗雨蚀和耐烧蚀性能。多孔氮化硅的主要成分是氮化硅和氮氧化硅，通过反应烧结过程中的气体逸出形成多孔结构。

美国空军[50]于1992年开发了一种氮化硅宽频天线罩，罩体分为三部分，其

中前部密度为 $0.75 \sim 1.0 \, \text{g/cm}^3$，后部密度为 $1.6 \sim 2.0 \, \text{g/cm}^3$，中间过渡段的密度在两者之间，如图 1.6 所示。该天线罩材料通过加入一种填料，使其在高温下升华，形成多孔结构，通过控制加入填料的量来调节产物不同部位的密度。这种高密度、高介电常数蒙皮层与低密度、低介电常数芯层的组合，可使天线罩在宽频带范围内满足介电性能要求。另外，厚的芯层提供了足够的抗弯强度，而表层提供了抗雨蚀性能和防潮性能。

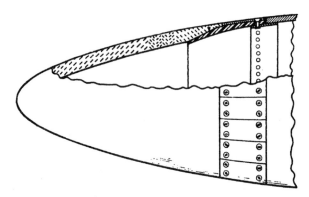

图 1.6　美国空军研制的介电常数梯度渐变结构宽频天线罩[50]

我国也开展了氮化硅天线罩材料的研究工作。例如，天津大学[51]以纳米氮化硅粉体为主要原料，选用堇青石和锂辉石作为烧结助剂，在 1 550℃的温度下制备出介电常数为 $4 \sim 5$、介电损耗为 $0.005 \sim 0.007$、弯曲强度为 160 MPa 的天线罩材料。然而，目前，有关 Si_3N_4 陶瓷作为导弹天线罩的实际应用还未见报道。

6. 氮化硼陶瓷

氮化硼陶瓷具有比氮化硅陶瓷更好的热稳定性和更低的介电常数、介电损耗，是为数不多的分解温度能达到 3 000℃的化合物之一。而且，它在很宽的温度范围内具有极好的热性能和稳定的电性能[52,53]。各向同性热解氮化硼（IPBN）和热压氮化硼（HPBN）均具有优异的介电性能，但是其强度、硬度、弹性模量偏低[54]，热导率高，抗雨蚀性能不足，且由于制备工艺问题，难以制成较大形状构件。因此氮化硼陶瓷在天线罩上尚未得到真正应用，目前主要用作天线窗介电防热材料。研究发现，氮化硼天线窗在高温烧蚀时，其烧蚀表面的温度过高，沿厚度方向的温度梯度小，高温介电性能较差，这会导致电磁信号异乎寻常的衰减[30,55]。因此，单纯的氮化硼陶瓷不宜用作高马赫数导弹的天线罩透波材料。

7. 赛隆陶瓷

赛隆(Sialon)陶瓷是一种以氮化硅晶体结构为基础的置换型固溶体,它兼具氮化硅、氧化铝等数种陶瓷的特性,并可通过改变其中某组分的含量来对材料的整体性能进行设计,其相图如图1.7所示。其中,用作透波材料的主要是 $\beta'-Sialon$。$\beta'-Sialon$ 最早于20世纪70年代被日本和英格兰的学者发现[56-58],它具有与 $\beta-Si_3N_4$ 相同的晶体结构,但与 $\beta-Si_3N_4$ 相比,介电性能和烧结性能均有所提高。

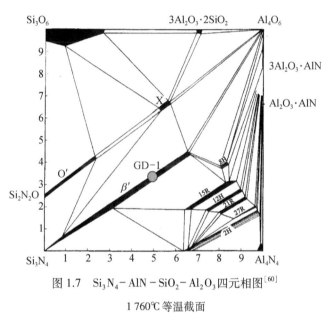

图1.7 $Si_3N_4-AlN-SiO_2-Al_2O_3$ 四元相图[60]

1 760℃等温截面

日本国立无机材料研究所[59]研究了热压制备 $\beta'-Sialon$ 的工艺,采用纯度为99%以上的氮化硅、氮化铝、氧化硅、氧化铝粉体,粒度均小于200 μm,烧结温度为1 500~1 850℃,压力为1~150 MPa,烧结气氛为氮气。产物的分子式为 $Si_{6-z}Al_zO_zN_{8-z}(z$ 为1~4.2)。

美国的 General Dynamics 公司于20世纪80年代开发了一种新型天线罩材料 GD-1,该材料组成为 $Si_{6-z}Al_zO_zN_{8-z}(z\approx2)$,在相图中的位置如图1.7所标识的。GD-1的综合性能优异,其强度、抗热震性能好于微晶玻璃,当温度从室温到1 000℃变化时,介电常数为6.84~7.66,介电损耗为0.001 3~0.004(10 GHz),最高使用温度可达1 510℃。但由于成型工艺问题,无法用它制备大尺寸构件。

直到 2000 年左右,该公司采用美国橡树岭国家实验室开发的注凝成型工艺,才实现了构件的近净成型,成功制备出"Amraam"和"Standard"导弹天线罩[60,61]。

8. Si_2N_2O 陶瓷

美国 Sikorsky Aircraft 公司的 Holowczak 等[62]探索了 Si_2N_2O 陶瓷作为低介电耐侵蚀材料的可能性。以 Si_2N_2O 粉末为原料,添加少量的 Al_2O_3 和 Lu_2O_3 作为烧结助剂,采用热压工艺(1 550~1 800℃,3.5 MPa)制备出一种天线窗材料,其密度为 2.39~2.82 g/cm^3,介电常数为 4.75~6.00。

除了以上所述,可候选的陶瓷透波材料还有 AlON[63]、$MgAl_2O_4$[64]等。

1.4.3　陶瓷基透波复合材料

如前所述,综合性能良好、适用于超高速飞行器的陶瓷透波材料种类并不多,目前还没有一种高温介电性能、高温强度、耐烧蚀、抗雨蚀和抗热冲击等综合性能均十分理想的材料。而且,陶瓷材料本身存在韧性和可靠性差的缺点,因此人们对各种陶瓷材料进行优化设计,综合考虑各组分的特点,制备出整体性能更为优异的陶瓷基透波复合材料。按照增强相的状态,可分为颗粒(晶须)增强陶瓷基透波复合材料和纤维增强陶瓷基透波复合材料两类。

1. 颗粒(晶须)增强陶瓷基透波复合材料

针对前面所述的氧化铝陶瓷脆性大,抗热冲击性能差的缺点,Rice 等[65]采用氮化硼颗粒进行增强。弥散的氮化硼颗粒显著地改善了氧化铝的脆性,使陶瓷获得了良好的抗热冲击性能。

Lockheed Martin 公司的 Dodds 和 Tanzilli[66,67]用热压烧结工艺(1 760℃,26 MPa)制备了 BN 颗粒增强 Sialon 材料,基体组成为 $Si_{6-z}Al_zO_zN_{8-z}$($z=3$ 或 4),质量分数为 25%的氮化硼均匀分布在硅铝氧氮基体中。其中,当 $z=3$ 时,复相陶瓷的密度为 2.74 g/cm^3,断裂强度为 309.7 MPa,热膨胀系数为 2.65×10^{-6}/K,介电常数为 6.62~7.67,介电损耗为 0.003 2~0.014 4(35 GHz,25~1 000℃),可用于制备高性能天线罩。

Loral Vought Systems 公司的 Paquette[30]通过将 Si_3N_4、BN、SiO_2 和氧化物烧结助剂粉末热等静压(1 650~1 850℃,14~103 MPa)成型得到整体式天线窗,其密度为 2.4~2.9 g/cm^3,介电常数为 4.5~7.0,介电损耗小于 0.01,拉伸强度达 138~290 MPa,热膨胀系数为(2.5~4.0)×10^{-6}/K,2 350℃下的高温电性能衰减损

耗小于 3 dB,抗烧蚀、抗雨蚀性能非常好,能在 2 000℃以上使用。各组分的最佳配比(质量分数)为 22% SiO_2+23% BN+46% Si_3N_4+8% Y_2O_3+1% Al_2O_3,该材料可用于制备高超声速导弹天线罩。

美国海军水上作战中心[68]利用无压烧结工艺制备了磷酸盐黏结氮化硅,该材料体系可看作氮化硅颗粒增强磷酸盐基复合材料。其中,磷酸锆黏结氮化硅(Zr-PBSN)的介电常数低而稳定,热膨胀系数低,抗热震性能和抗雨蚀性能好,热膨胀系数为 2.5×10^{-6}/K(25~850℃),烧结时的净收缩小于 1%,表观孔隙率为 16%,1 000~1 125℃下热震试验强度损失小于 10%。美国弗吉尼亚理工学院的 Medding[69]开发了一种可在 1 400℃下保持稳定的 Zr-PBSN 材料,制备了天线罩缩比件,并对其进行了无损检测。该材料采用了低成本的无压烧结技术和近净成型工艺,是天线罩材料制备工艺的一个突破。

为克服石英陶瓷力学性能和抗雨蚀性能较差的缺点,同时保持其优异的介电性能,国内的许多单位进行了颗粒增强石英陶瓷的系统研究。姚俊杰等[70-72]基于复相陶瓷体系第二相粒子的增韧机理,在 SiO_2 中添加 Si_3N_4 颗粒,通过热压工艺制备了 SiO_2-Si_3N_4 复合材料,力学性能显著提高,介电性能良好。当 Si_3N_4 体积分数为 5% 和 10% 时,介电常数为 2.5~4.0。吴洁华等[73-75]用热压烧结法制备了 SiO_2-AlN 复相陶瓷,该复合材料的介电常数为 4.1,介电损耗为 9.0×10^{-4}(1 MHz);此外,吴洁华等还研究了引入第三相颗粒对复合材料性能的影响[76,77]。Wen 等[78]用热压烧结法制备了氮化硼颗粒增强熔石英高温天线罩材料,既改善了 BN 材料的烧结性能和抗热震性能,使烧蚀表面温度从 3 300℃降低到 2 200~2 400℃,增大了沿透射方向的温度梯度,改善了高温介电性能,又提高了熔石英的强度、断裂韧性和耐烧蚀性能。曾昭焕[55]的研究结果也表明,BN 和 SiO_2 复合是减小氮化硼天线窗再入信号衰减行之有效的方法。韩欢庆等[79,80]则通过在熔石英中加入 Si_3N_4 颗粒或者晶须,使复合材料获得了良好的抗热震性能和抗烧蚀性能。

Douglas 和 Kerry[81]研制了一种 BAS($BaCO_3$、Al_2O_3、SiO_2)原位增强氮化硅耐高温陶瓷天线罩材料,其中氮化硅的体积分数为 50%~90%。该材料具有较高的致密度(大于 97%)和强度(500 MPa),可在 1 725℃以下使用。Morris 和 Tanzilli[82]用热压烧结制备了 BN-AlN 复相陶瓷,当 BN 的体积分数为 35% 的样品从室温到 1 008℃时,介电常数为 7.07~7.80,介电损耗为 0.011 5~0.017 0 (8.5 GHz)。

山东工业陶瓷研究设计院和天津大学等单位也对氮化物天线罩复合材料进

行了研究。张伟儒等[83]用陶瓷粉末高温烧结工艺制备了 Si_3N_4 - BN 天线罩材料,其常温介电常数为 4.0,室温抗弯强度为 160 MPa。郭文利[84]将化学方法合成的氮化硼引入氮化硅纳米陶瓷中,BN 热膨胀系数小,介电性能优异,因此复合材料也具有良好的热物理性能和介电性能。

2. 纤维增强陶瓷基透波复合材料

纤维增强陶瓷基透波复合材料按基体的成分不同主要可分为氧化物基透波材料、磷酸盐基透波材料及氮化物基透波材料等系列。

1）氧化物基透波材料

为提高石英陶瓷的断裂韧性和可靠性,美国的 Philco - Ford 公司和通用电气公司[10,85]采用无机先驱体浸渍烧成工艺,用硅溶胶浸渍石英织物,并在一定温度下烧结,制备了三维石英纤维织物增强二氧化硅复合材料（3D SiO_{2f}/SiO_2）AS - 3DX 和 Markite 3DQ。其中,AS - 3DX 材料的介电常数为 2.88,介电损耗为 0.006 12(5.841 GHz,25℃)。SiO_{2f}/SiO_2 复合材料的表面熔融温度与石英玻璃接近（约 1 735℃）,是高状态再入型天线罩材料的理想选择之一[86],已用于美国"三叉戟"潜地导弹。在 AS - 3DX 的基础上,美国先进材料发展实验室[87]又研制了 4D 全向高纯石英织物增强二氧化硅复合材料 ADL - 4D6,其密度为 1.55 g/cm³,弯曲强度为 35 MPa,断裂应变为 1.0%,介电常数为 2.8～3.1,介电损耗为 0.006（250 MHz）。烧成后的二氧化硅基体为活性较高的多孔结构,易吸附水蒸气,利用卤硅烷与基体表面的吸附水反应生成硅氧烷涂层,可以起到防潮作用,但要控制卤硅烷加入量,以免高温热分解后残碳影响介电性能。

印度的 Manocha 等[88,89]利用电泳浸渗法将硅溶胶重复浸渍石英纤维织物,并在 600℃下烧结制备了 SiO_{2f}/SiO_2 复合材料,经 5 个周期后,密度接近 1.6 g/cm³,但石英纤维表面对裂纹非常敏感,纤维/基体界面结合较强,导致复合材料的力学性能较差。

20 世纪 70 年代初,美国先进材料发展实验室[87]曾利用有机硅树脂浸渍石英纤维织物,裂解制备了 SiO_{2f}/SiO_2 天线罩材料 Markite,但 SiO_2 基体与石英纤维结合过强,纤维损伤严重,致使复合材料强度很低。Raytheon 公司[90,91]针对下一代高超声速（马赫数大于等于 5）反辐射导弹短时高温飞行对宽频薄壁型天线罩的需求,用有机聚合物先驱体浸渍—裂解（PIP）工艺制备了陶瓷基复合材料天线罩。天线罩中纤维质量分数达 65%,罩壁弯曲强度大于 35 MPa（25～1 100℃）,介电常数不大于 3.0,介电损耗不大于 0.02（2～18 GHz）。天线罩能在

870℃下正常工作 5 min，当在峰值温度 1 260℃时，可保持数秒。

弗吉尼亚理工学院[92]采用数种短切氧化铝纤维对熔石英进行了增韧处理，制得了 Al_2O_{3f}/SiO_2 复合材料。其中，Nextel 312 纤维与 SiO_2 基体之间发生了强界面反应，没有获得理想的增强效果；Nextel 440 纤维与基体结合较弱，复合材料的韧性略有提高，但是弯曲强度却损失了近 30%，不能满足应用要求。

为满足中、远程地地战术和战略导弹天线罩需求，中国航天科技集团一院 703 所、中国航天科工集团三院 306 所、山东工业陶瓷研究设计院、哈尔滨工业大学和中国科学院上海硅酸盐研究所等单位研制了高硅氧穿刺织物、石英纤维织物、短切或单向石英纤维增强二氧化硅基复合材料[93-99]。其中，SiO_{2f}/SiO_2 复合材料具有良好的热、力、电等综合性能，支撑了多个型号的研制和发展。

2）磷酸盐基透波材料

20 世纪 60 年代初，美国海军航空局资助通用电气公司[100]研究低成本磷酸盐高温天线罩材料，得到了能在 315℃以下固化，650℃仍保持较好的力学性能和电性能的石英织物增强磷酸铝基复合材料。20 世纪七八十年代，美国空军研究实验室等单位进行了磷酸盐材料的常温、高温电性能的详细测试。

Brunswick 公司[101]在空军航空电子设备实验室的资助下，于 1963 年开始研制能在 698.7℃长时间（1 000 h）工作的磷酸盐天线罩材料，并采用缠绕法制备出高度为 1.6 m，综合性能与微晶玻璃相近的天线罩样件。

苏联在 20 世纪 50 年代就以防热材料为目的进行磷酸盐材料研究，后将该项技术推广到耐热透波材料领域，研究工作逐步深入，并在型号上获得应用。其中，在航天透波材料领域获得实际应用的主要是硅质纤维增强磷酸铝、磷酸铬及磷酸铬铝复合材料[22,102]。应用于天线罩材料的磷酸盐结构式为 $Me(H_2PO_4)_3$ · $Me(H_2PO_4)_3$，其中 Me 为正三价金属离子。磷酸盐复合材料的工艺流程为：纤维织物预处理—磷酸盐溶液真空浸渍—加压固化（150~200℃，1~1.5 MPa）。制备工艺的关键是确定磷酸盐的摩尔比，选择合适的 pH，对纤维进行保护处理及降低固化温度。经复合固化后的磷酸铬基复合材料介电常数为 3.6~3.7，介电损耗为 0.008~0.015，弯曲强度为 120 MPa，力学性能、物理性能良好，电性能稳定，可在 1 200℃下使用；磷酸铬铝基复合材料在 1 200~1 500℃性能稳定；磷酸铝基复合材料的耐温更高，可在 1 500~1 800℃下正常工作。目前，这类材料在巡航导弹、反导型、战术型导弹及航天飞机上获得了应用。磷酸盐的最大缺点是吸湿性很强，需要在复合材料表面涂覆有机涂层来进行防潮处理。

北京玻钢院复合材料有限公司肖永栋等[103]制备了石英玻璃布增强磷酸铝复合材料,其潜在用途为环境温度在 1 200℃以下的天线窗材料和小型透波防热部件。哈尔滨工业大学田焕芳[104]用石英纤维布浸渍磷酸铝溶液,叠层后在280℃低温烧结致密化,得到了弯曲强度达 84 MPa 的石英纤维增强磷酸盐复合材料,力学性能远高于二氧化硅颗粒增强磷酸盐复合材料。周燕等[105]的研究表明,将石英纤维用溶胶—凝胶法涂覆 SiO_2 或 Al_2O_3 后,用磷酸盐溶液浸渍并加压固化,所得复合材料的最高弯曲强度可达 120 MPa。但在高温下,复合材料的强度将会迅速下降。

3)氮化物基透波材料

氮化硅、氮化硼陶瓷凭借其自身的诸多优异性能日益引起人们的关注。近二十年来,氮化物天线罩材料一直是研究的热点。

Place[106,107]利用硼酸浸渍烧成法制备了三维正交 BN 纤维织物(结构如图 1.8 所示)增强 BN 基复合材料(3D BN_f/BN)。该复合材料经 1 700℃处理后可提高介电性能,减少吸湿;经 1 800℃热压后可将材料密度提高到 1.5~1.6 g/cm³,介电常数为 2.86~3.19,介电损耗为 0.000 6~0.003(25~1 000℃,9.375 GHz),弯曲强度为 40~69 MPa,烧蚀性能与碳/酚醛复合材料相当。此外,他还将 3D BN_f/BN 复合材料浸渍二氧化硅先驱体,经烧结、热压后制得BN_f/BN – SiO_2 复合材料,其中,基体的组成(质量分数)是 2.4%~17.9% SiO_2 和3.9%~15% BN。该材料的密度为 1.6 g/cm³,介电性能优良,介电常数为 3.20~3.24,介电损耗为 0.000 9~0.001(25~1 000℃,9.375 GHz),可用于再入温度超过2 200℃的环境。

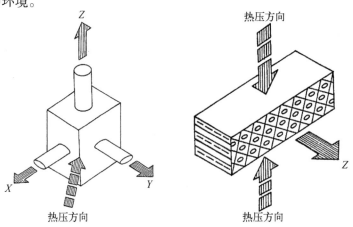

图 1.8　三维正交 BN 纤维织物结构与热压方向示意图

中国科学院上海硅酸盐研究所的郭景坤等[108]将 BN 纤维和硅粉混合,采用反应烧结工艺制备了 BN 纤维增强 Si_3N_4 基复合材料(BN_f/Si_3N_4)。该材料密度为 $2.0\sim2.4\ g/cm^3$,弯曲强度为 $41\sim127\ MPa$,介电常数为 3.96,介电损耗为 0.006 7(9.375 GHz)。

国防科技大学自 2003 年以来,积极开展氮化物基透波复合材料的研究工作。在国内率先以聚硅氮烷、聚硼氮烷及聚硼硅氮烷为先驱体,采用 PIP 工艺分别制备出 SiO_{2f}/氮化物、氮化物纤维/氮化物以及 $SiO_{2f}/Si-B-N$ 复合材料,显示出良好的热、力、电综合性能。

1.5 透波材料的制备工艺

导弹天线罩等航天透波材料及构件的制备工艺有很多,从制备工艺的主要特点和实际应用角度来看,主要有烧结法、溶胶—凝胶(sol-gel)法、化学气相渗透(chemical vapor infiltration,CVI)法、凝胶注模(gel-casting)法和有机先驱体浸渍—裂解(precursor infiltration and pyrolysis,PIP)法等,不同材料体系的制备工艺有所不同,如表 1.3 所示。此外,还有无机盐浸渍固化工艺、注浆成型工艺、原位生长法等。

表 1.3 不同制备工艺的主要特点及应用

制备工艺	主要特点	应用体系
烧结法	制备温度高,致密度和力学性能较差,难以制备大尺寸复杂构件	陶瓷透波材料或颗粒增强陶瓷基透波材料
溶胶—凝胶法	烧成温度低,可制备大型复杂构件,且可实现近净尺寸成型;产率低,收缩大,需反复浸渍烧成	氧化基陶瓷复合材料
化学气相渗透法	制备温度低,残余应力小,微观尺度成分设计,大型复杂构件的近净尺寸成型;热稳定性低,致密化速度慢,生产周期长,成本高,"瓶颈效应"产生密度梯度,易产生腐蚀物	硅化物、碳化物、氮化物、硼化物和氧化物
凝胶注模法	设备简单,坯体组分均匀,缺陷少,易成型;工艺周期长,排胶污染需处理	氮化硅、碳化硅、赛隆、氧化锆、氧化铝
有机先驱体浸渍—裂解法	可控制材料组成、结构与性能,制备温度低,可实现大尺寸复杂构件近净成型,加工性能良好;体积收缩大,孔隙率高,周期长,成本高	陶瓷微粉、陶瓷纤维、陶瓷薄膜、泡沫陶瓷和陶瓷基复合材料

1.5.1 烧结法

烧结法主要用于高温下制备陶瓷透波材料或颗粒增强陶瓷基透波复合材

料。常用方法主要包括反应烧结法、气压烧结法、热压烧结法和热等静压烧结法等[109]，其主要特点和应用如表 1.4 所示。

表 1.4　典型烧结方法的特点及应用

烧结方法	主　要　特　点	应　用　体　系
反应烧结法	温度较低；产品孔隙率较高，力学性能较差	Si_3N_4 基复合材料
气压烧结法	高温、高气压，可烧结复杂形状、难烧结陶瓷	氮化物陶瓷材料
热压烧结法	高温，可施加机械压力，烧结时间短，成本高，效率低	SiC、BN、Si_3N_4 等
热等静压烧结法	低温、高压下成型致密陶瓷，产品质量高，产率低，成本高	氮化物或氧化物陶瓷材料

　　然而，陶瓷透波材料大多是典型的离子和共价化合物，低温烧结时难以致密化且烧结性能较差，导致其致密度和力学性能也较差，同时，混料及烧结过程中的不确定因素更限制了其优异性能的发挥。因此，传统的烧结方法难以制备高质量的陶瓷透波材料。

1.5.2　溶胶—凝胶法

　　溶胶—凝胶(sol-gel)法最初用来制备氧化物陶瓷超细粉末，近年来已被应用于制备陶瓷基复合材料[110-112]。其一般工艺过程是(图 1.9)：氧化物溶胶浸渍预制件(纤维织物或叠层布等其他多孔材料)，经干燥脱水固化，溶胶变成凝胶，然后在一定温度下烧结成陶瓷基复合材料及构件。

　　溶胶—凝胶法的主要特点是烧成温度低，可制备大型复杂构件，且可实现近净尺寸成型。其缺点是凝胶的陶瓷产率低，基体烧成收缩大，需反复浸渍—烧成，同时要有稳定、浓度合适的溶胶，而非氧化物的溶胶是难以制备的。因此，此法目前主要用于氧化物基(特别是石英基)透波复合材料的制备。

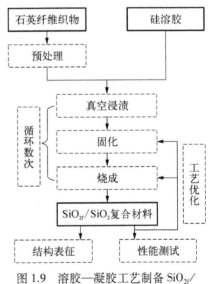

图 1.9　溶胶—凝胶工艺制备 SiO_{2f}/SiO_2 复合材料流程图

1.5.3　化学气相渗透法

　　化学气相渗透(chemical vapor infiltration, CVI)法起源于 20 世纪 60 年代中

期,是在化学气相沉积(chemical vapor deposition,CVD)法的基础上发展起来的[112-115]。其典型工艺过程(图1.10)如下:将纤维预制体置于CVI炉中,源气通过扩散或由压力差产生的定向流动输送至预制件周围,然后向其内部扩散,气态先驱体在孔隙内发生化学反应并沉积,使孔隙壁的表面逐渐增厚。

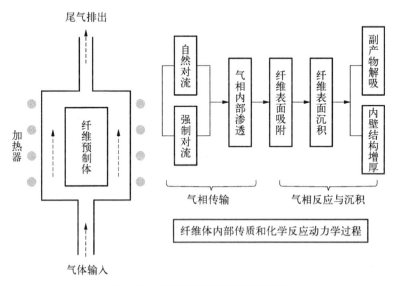

图1.10　化学气相渗透工艺流程图

CVI工艺的主要优点是:基体制备温度低,故纤维受损伤小,材料内部残余应力小;能制备硅化物、碳化物、氮化物、硼化物和氧化物等多种陶瓷材料,并可实现微观尺度的成分设计;在同一个CVI反应室中,可依次进行纤维/基体界面、中间相、基体以及部件外表涂层的沉积;能实现形状复杂和纤维体积分数高的部件的近净尺寸成型。其不足之处主要有:基体的晶粒尺寸小,材料热稳定性低;基体的致密化速度慢,生产周期长,制备成本高;预制体的孔隙入口附近气体浓度高,沉积速率大于内部沉积速率,容易形成“瓶颈效应”,从而产生密度梯度;制备过程中常产生强烈的腐蚀性产物,对设备和环境易造成腐蚀和污染。

1.5.4　凝胶注模法

凝胶注模(gel-casting)工艺起源于1991年,由美国橡树岭国家实验室发明,利用料浆内部或少量添加剂的化学反应作用使陶瓷料浆原位凝固成坯体,获得具有良好微观均匀性和较高密度的素坯,再进行陶瓷烧结[60,116-119],其典型工艺流程过程(图1.11)如下：把陶瓷粉体(含二氧化硅、氧化铝、氮化铝、氮化硅及烧结助剂)、预聚物单体(甲基丙烯酰胺和亚甲基双酰胺)和溶剂(水)混合成泥浆，浇入天线罩模具中，干燥后加热至一定温度(500~600℃)去除有机物，然后脱模，通过高温烧结得到成品。

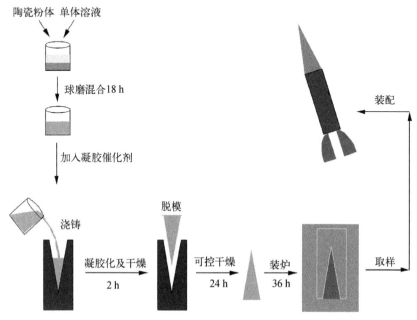

图1.11　凝胶注模制备天线罩工艺流程图[60]

凝胶注模法的主要优点是：设备简单，可实现形状复杂、强度高、微观结构均匀、密度高、缺陷少的坯体的近净尺寸成型。其缺点为：工艺周期长，存在排胶污染处理问题。获得高质量陶瓷成品的关键点为控制好浆料黏度和干燥速率，以免产生内应力，导致陶瓷开裂或收缩不均。目前，该工艺主要应用在碳化硅、氮化硅、赛隆、氧化锆、氧化铝等陶瓷材料构件上。

1.5.5　有机先驱体浸渍—裂解法

有机聚合物先驱体裂解转化制备陶瓷及其复合材料的工艺自诞生之日起就引起人们的极大兴趣[109,112,120-123]。20世纪60年代初，Ainger和Herbert[124]率先采用裂解的方式制备出一种磷-氮无机化合物，开创了先驱体转化的先河。Popper和Chantrell[125,126]明确提出了"先驱体裂解"的概念，并制备了一系列陶瓷材料，如BN、AlN、Si_3N_4、SiC等。此后，Verbeek[127,128]等采用先驱体法制备了

Si - C - N 陶瓷。直到 Yajima[129-131] 等提出了聚碳硅烷裂解制备 SiC 材料的路线,并于 1983 年 SiC 纤维实现工业化生产之后,先驱体转化陶瓷材料的巨大潜力才逐渐被人们认识,且迅速掀起了先驱体转化法制备陶瓷材料的研究热潮。先驱体转化法开创了有机物制备无机物的新领域,实现了陶瓷制备工艺的革命性创新,目前已经在陶瓷微粉、陶瓷纤维、陶瓷薄膜、泡沫陶瓷和陶瓷基复合材料等方面取得了众多成果。

在先驱体转化陶瓷工艺中,聚合物先驱体浸渍—裂解(precursor infiltration and pyrolysis,PIP)法是制备陶瓷基复合材料的重要方法,其基本工艺过程为: 以纤维预制体为骨架,浸渍聚合物先驱体(熔融物或溶液),在惰性气体保护下使其交联固化(或晾干),然后在一定气氛中进行高温裂解,重复浸渍(交联)裂解过程可使复合材料致密化。与粉末成型且高温烧结的传统陶瓷工艺相比,PIP工艺具有以下特点。

(1)先驱体的分子可设计性。利用有机合成的丰富手段,通过分子设计可以合成所需组成与结构的先驱体,进而实现对最终复合材料陶瓷基体的组成、结构与性能的设计与控制。此外,通过分子设计还可使多相材料中各组分达到分子水平上的均匀分布,从而避免因化学成分和微观结构不均匀造成的性能缺陷。

(2)良好的工艺性。常规方法难以实现纤维(特别是编织物)与陶瓷基体的复合,而陶瓷先驱体属于有机高分子,具有高分子工艺性能较好的优点,可借鉴纤维增强聚合物基复合材料的成型方法制备复杂形状构件的坯体或预制体,并可通过在预成型体中加入填料来制备多相组分的复合材料。

(3)制备温度低。传统的陶瓷材料烧结一般需要高温且引入烧结助剂,而先驱体聚合物在较低温度下就可基本完成陶瓷化,较低的制备温度大大减轻了高温对增强纤维的损伤。先驱体转化过程中不需添加烧结助剂,可制备较纯净的材料,并可避免内部成分及显微结构的不均匀,从而提高复合材料的整体性能。而且,低温制备工艺有利于降低能耗和成本。

(4)良好的可加工性。传统的陶瓷材料一经烧结,硬度非常高,很难实施精加工。PIP工艺通过类似于树脂基复合材料的制备方法,经成型裂解后获得强度较高、密度较低的中间产品,可在中途实施精加工得到精确尺寸的构件,从而易实现近净成型。

因此,采用先驱体转化工艺进行氮化物透波复合材料及其透波构件的制备,根据不同的应用环境,对复合材料的组成、结构、性能及制备工艺参数进行针对性的优化,相比其他方法,具有一定特色和优势。

参 考 文 献

[1] 孙家栋.导弹武器与航天器装备.北京：原子能出版社,航空工业出版社,兵器工业出版社,2003.

[2] 孙旭,何树才,孙快吉,等.导弹与战争.北京：国防工业出版社,1997.

[3] 马治明,李俊荣,万朝阳.战略导弹制导系统及其发展展望.导航与控制,2012,11(4)：77－79.

[4] 刘力,刘兴堂,杨建军,等.导弹精确制导与控制的关键技术研究.飞航导弹,2006,(11)：30－33.

[5] 陶江,孙继银.巡航导弹制导技术研究.飞航导弹,2006,(3)：41－43.

[6] 常青.巡航导弹制导系统关键技术研究.西安：西北工业大学博士学位论文,2003.

[7] 程梅莎.烧蚀对天线罩材料透仪透波性能影响的试验研究.北京：中国航天空气动力技术研究院硕士学位论文,2001.

[8] Department of the Army. Air defense artillery reference handbook. Washington DC：Headquarters, Department of the Army, 2000.

[9] Johnso R C, Jasik H. Antenna engineering handbook. 2nd edition. New York：McGraw-Hill, Inc., 1984.

[10] Gilreath M C, Castellow S L. High-temperature dielectric properties of candidate space-shuttle thermal-protection-system and antenna-window materials. NASA TN D－7523, 1974.

[11] Anderson J D.高超声速和高温气体动力学.杨永,李栋,译.北京：航空工业出版社,2013.

[12] 姜贵庆,刘连元.高速气流传热与烧蚀热防护.北京：国防工业出版社,2003.

[13] 蔡国飙,徐大军.高超声速飞行器技术.北京：科学出版社,2012.

[14] 李斌,张长瑞,曹峰,等.高超音速导弹天线罩设计与制备中的关键问题分析.科技导报,2006,24(8)：28－31.

[15] 蔡德龙,陈斐,何凤梅,等.高温透波陶瓷材料研究进展.现代技术陶瓷,2019,40(1－2)：4－120.

[16] Tenney D R, Davis J G, Johnston N J, et al.飞行器机体结构：NASA 在航空航天先进复合材料结构研发中的作用.陈祥宝,译.北京：航空工业出版社,2017.

[17] Oleesky S S, Peach C E, Speen G B, et al. Multiple sandwich broad band radome：US, 3002190, 1961.

[18] Copeland R L, Chase V A. Rain erosion resistant material for airborne vehicle：US, 3616140, 1971.

[19] Moschiar S M, Riceard C C, Williama R J, et al. Rubber-modified epoxies. III. Analysis of experimental trends through a phase-separation model. Journal of Applied Polymer Science, 1991, 42(3)：717－735.

[20] Verchere D, Pascault J P, Sautereau H, et al. Rubber-modified epoxies. II. Influence of the cure schedule and rubber concentration on the generated morphology. Journal of Applied Polymer Science, 1991, 42(3)：701－716.

[21] Brown D, Fiscus T E, Meierbachtol C J. Results of a study using RT duroid 5870 material for a missile radome. Proceeding of the 15th symposium on electromagnetic windows, Atlanta, 1980.

[22] 胡连成,黎义,于翘.俄罗斯航天透波材料现状考察.宇航材料工艺,1994,24(1):48-52.

[23] 张煜东,苏勋家,侯根良.高温透波材料研究现状和展望.飞航导弹,2006,(3):56-58.

[24] Walton J D. Radome engineering handbook. New York: Marcel Dekker Inc., 1970.

[25] Welsh E A, Ossin A. Evaluation of ablative materials for high performance radome applications. Proceedings of the 15th symposium on electromagnetic windows, Atlanta, 1980.

[26] 陈虹,胡利明,贾光耀,等.陶瓷天线罩材料的研究进展.硅酸盐通报,2002,(4):40-44.

[27] 邓世均.高性能陶瓷涂层.北京:化学工业出版社,2004.

[28] Rudge A W, Milne K, Olver A D, et al. The handbook of antenna design. London: Peter peregrinus Ltd., 1983.

[29] 秦明礼,曲选辉,黄栋生,等.氮化铝(AlN)陶瓷的特性、制备及应用.陶瓷工程,2000, (8):39-42.

[30] Paquette D G. Method of making a radar transparent window material operable above 2000℃: US, 5627542, 1997.

[31] 杜帅,高陇桥,刘征,等.AlN 陶瓷的介电性能.硅酸盐学报,1998,26(4):496-502.

[32] Gebhardt J J. Preparation of a high purity aluminum nitride antenna window by organometallic pyrolysis. US, 5356608, 1994.

[33] Lewis D, Spann J R. Assessment of new radome materials as replacement for pyroceram 9606. Proceedings of the 16th symposium on electromagnetic windows, Atlanta, 1982.

[34] Roy D W, Hastert J L. Evaluation of coors CD-1 cordierite as a radome material. Proceedings of 16th symposium on electromagnetic windows, Atlanta, 1982.

[35] Bergeron C G, Risbud S H. Introduction to phase equilibrium in ceramics. Columbus, OH: American Ceramic Society, 1984.

[36] Calata J N. Densification behavior of ceramic and crystallizable glass materials constrained on a rigid substrate. Blacksburg: Virginia Polytechnic Institute and State University, 2005.

[37] Leggett H. Ceramic broadband radome: US, 4358772, 1982.

[38] Letson K N, Burleson W G. Final evaluation of rain erosion sled test results at Mach 3.7 to 5.0 for slipcast fused silica radome structures. Redstone Arsenal, Alabama: US Army Command, 1979.

[39] Neil J T, Bowen L J, Michaud B E. Fused silica radome: US, 4949095, 1990.

[40] 张漠杰.石英陶瓷天线罩的增强方法.上海航天,1994,(4):15-17.

[41] Ho W, Clarke D R. High temperature millimeter wave dielectric properties of hot pressed silicon nitride. Proceedings of the 16th symposium on electromagnetic windows, Atlanta, 1982.

[42] Hsieh M Y, Mizuhara H. Silicon nitride having low dielectric constant: US, 4708943, 1987.

[43] Hsieh M Y. Low dielectric loss silicon nitride based material: US, 4654315, 1987.

[44] Arakawa T, Mori T, Matsumoto Y. Silicon nitride sintered body and process for preparation thereof: US, 5017530, 1991.

[45] Miura K, Hattori Y, Matsuo Y. Process for the production of silicon nitride sintered bodies: US, 4521358, 1985.

[46] Messier D R, Wong P. Effect of processing conditions on microwave dielectric properties of reaction-sintered silicon nitride. Proceedings of the 13th symposium on electromagnetic windows, Atlanta, 1976.

[47] Clark W H. Millimeter wave seeker technology. China Lake, CA: Naval Air Warfare Center, 1999.

[48] Simpson F H, Verzemnieks J. Controlled density silicon nitride material. Proceedings of the 16th symposium on electromagnetic windows, Atlanta, 1982.

[49] Barta J, Manela M, Fisher R. Preparation and properties of silicon nitride for radome applications. Proceedings of the 16th symposium on electromagnetic windows, Atlanta, 1982.

[50] Verzemnieks J, Simpson F H. Silicon nitride articles with controlled multi-density regions: US, 5103239, 1992.

[51] 邹强.天线罩用氮化硅陶瓷材料烧结工艺的研究.天津：天津大学硕士学位论文,2004.

[52] 顾立德.氮化硼陶瓷.北京：中国建筑工业出版社,1982.

[53] 张雯,王红洁,金志浩.先驱体热解制备 BN 复合陶瓷材料研究进展.兵器材料科学与工程,2004,27(5)：58－63.

[54] Ooi N, Rajan V, Gottlieb J, et al. Structural properties of hexagonal boron nitride. Modelling Simul. Materials Science and Engineering, 2006, 14: 515－535.

[55] 曾昭焕.氮化硼的高温介电性能.宇航材料工艺,1993,23(2)：17－21.

[56] Oyama Y, Kamigato O. Solid solubility of some oxides in Si_3N_4. Japanese Journal of Applied Physics, 1971, 10: 1637－1642.

[57] Oyama O. Solid solution in the ternary system, $Si_3N_4 － AlN －Al_2O_3$. Japanese Journal of Applied Physics, 1972, 11: 760－761.

[58] Jack K H, Wilson W I. Ceramics based on the Si－Al－O－N and related systems. Nature Physical Science, 1972, 238: 28－29.

[59] Mitomo M, Moriyoshi Y, Sakai T, et al. Process for producing a translucent β － SiAlON sintered product: US, 4438051, 1984.

[60] Kirby K W, Jankiewicz A, Janney M, et al. Gelcasting of GD － 1 ceramic radomes. Proceedings of the 8th DoD Electromagnetic Windows Symposium, Colorado Springs, 2000.

[61] Kirby K W, Jankiewicz A T, Lowell R F, et al. Near net shape fabrication of ceramic radomes: US, 6083452, 2000.

[62] Holowczak J E, Olster E, Sutton W H. Low dielectric constant erosion resistant material: US, 64472581, 2002.

[63] Corbin N D, McCauley J W. Aluminum oxiynitride spinel (AlON): A new material for electromagnetic window applications. Proceedings of the 16th symposium on electromagnetic windows, Atlanta, 1982.

[64] Roy D W, Hastert J L. Transparent hot-pressed $MgAl_2O_4$ conical dome for IR/EO applications. Proceedings of the 16th symposium on electromagnetic windows, Atlanta, 1982.

[65] Rice R W, McDonough W J, Freiman S W, et al. Ablative-resistant dielectric ceramic

articles：US，4304870，1981.

[66] Dodds G C，Tanzilli R A. Boron nitride-toughened single phase silicon aluminum oxynitride composite，article and method of making same：US，5925584，1999.

[67] Dodds G C，Tanzilli R A. Silica，boron nitride，aluminum nitride，alumina composite，article and method of making same：US，5891815，1999.

[68] Talmy I G，Martin C A，Haught D A，et al. Electromagnetic window：US，5573986，1996.

[69] Medding J A. Nondestructive evaluation of zirconium phosphate bonded silicon nitride radomes. Blacksburg：Virginia Polytechnic Institute and State University，1996.

[70] 姚俊杰，李包顺，黄校先，等.SiO$_2$ - Si$_3$N$_4$天线窗材料的热学性能和抗热震性能研究.航空材料学报，1996，16(3)：57 - 62.

[71] 姚俊杰，李包顺，黄校先，等.SiO$_2$ - Si$_3$N$_4$复合材料的力学性能及其增韧机理.无机材料学报，1997，12(1)：47 - 53.

[72] 姚俊杰，李包顺，黄校先，等.SiO$_2$ - Si$_3$N$_4$天线窗材料的介电性能研究.功能材料与器件学报，1996，2(2)：65 - 70.

[73] 吴洁华，李包顺，黄校先，等.SiO$_2$ - AlN 复合材料的介电性能.功能材料与器件学报，1999，5(2)：115 - 120.

[74] 吴洁华，李包顺，李承恩，等.SiO$_2$ - AlN 复合材料的介电性能——温度特性和频率特性.功能材料与器件学报，2001，7(1)：73 - 76.

[75] 吴洁华，李包顺，李承恩，等.SiO$_2$ - AlN 复合材料的抗热震性.机械工程材料，2000，24(4)：29 - 31.

[76] 吴洁华，李包顺，李承恩，等.SiO$_2$ - AlN - Si$_3$N$_4$天线窗复合材料的制备和性能研究.硅酸盐通报，2000，(3)：4 - 8.

[77] 吴洁华，郭景坤，李包顺.SiO$_2$ - AlN - BN 复合材料的制备和性能研究.硅酸盐学报，2000，28(4)：365 - 370.

[78] Wen G，Wu G L，Lei T Q，et al. Co-enhanced SiO$_2$ - BN ceramics for high-temperature dielectric applications. Journal of the European Ceramic Society，2000，20(11)：1923 - 1928.

[79] 韩欢庆，葛启录，陈玉萍，等.晶须补强熔石英复合材料的热学性能.材料科学与工艺，1999，7(1)：30 - 32.

[80] 韩欢庆，葛启录，雷廷权，等.熔石英基复合材料性能的研究.粉末冶金技术，1999，17(3)：201 - 204.

[81] Douglas W F，Kerry K R. BAS reinforced in-situ with silicon nitride：US，5358912，1994.

[82] Morris J R，Tanzilli R A. Aluminum nitride-boron nitride composite article and method of making same：US，4666873，1987.

[83] 张伟儒，王重海，刘健，等.高性能透波 Si$_3$N$_4$ - BN 基陶瓷复合材料的研究.硅酸盐通报，2003，(3)：1 - 4.

[84] 郭文利.天线罩用氮化硅基复合材料的研究.天津：天津大学，2003.

[85] Favaloro M，Starett S，Bryanos J. High temperature dielectric composites. Proceedings of the 6th DoD Electromagnetic Windows Symposium，Huntsville，1995.

[86] Place T M，Bridges D W. Fused quartz reinforced silica composites. Proceedings of the 10th symposium on electromagnetic windows，Atlanta，1970.

[87] Brazel J P, Fenton R. ADL－4D6：A silica/silca composite for hardened antenna windows. Proceedings of the 13th symposium on electromagnetic windows, GA, 1976.

[88] Manocha L M, Panchal C N, Manocha S. Silica/silica composites through electrophoretic infiltration. Ceramic Engineering and Science Proceedings, 2002, 23(3)：655－661.

[89] Manocha L M, Panchal C N, Manocha S. Silica/silica composites through electrophoretic infiltration-effect of processing conditions on densification of composites. Science & Engineering of Composite Materials, 2000, 9(4)：219－230.

[90] Purinton D L, Semff L R. Method of making a broadband composite structure fabricated from an inorganic polymer matrix reinforced with ceramic woven cloth：US, 5738750, 1998.

[91] Purinton D L, Semff L R. Broadband composite structure fabricated from inorganic polymer matrix reinforced with glass or ceramic woven cloth：US, 6080455, 2000.

[92] Lyons J S, Starr T L. Strength and toughness of slip-cast fused-silica composites. Journal of the American Ceramic Society, 1994, 77(6)：1673－1675.

[93] 于翘.材料工艺.北京：宇航出版社,1993.

[94] 张立中.三向石英复合材料的断裂韧度 K_{IC} 的测试与分析.宇航材料工艺,1996,(4)：26－29.

[95] 贾光耀,陈虹,胡利明,等.三向石英复合材料的研制.硅酸盐通报,2002,(1)：3－6.

[96] 贾德昌,周玉,雷廷权.热压工艺对 SiO_{2f}/SiO_2 复合材料结构与力学性能的影响.宇航材料工艺,2001,(1)：29－31.

[97] Xu C M, Wang S W, Huang X X, et al. Processing and properties of unidirectional SiO_{2f}/SiO_2 composites. Ceramics International, 2007, 33(4)：669－673.

[98] Chen H, Zhang L M, Jia G Y, et al. The preparation and characterization of 3D-silica fiber reinforced silica composites. Key Engineering Materials, 2003, 249：159－162.

[99] Chen H, Zhang L M, Jia G Y, et al. Flexural properties of 3D－SiO_2/SiO_2 composites. Key Engineering Materials, 2003, 249：163－166.

[100] 张大海,黎义,高文,等.高温天线罩材料研究进展.宇航材料工艺,2001,(6)：1－3.

[101] Chase V A, Copeland R L. Development of a 1200℉ radome. Costa Mesa, CA. Brunswick Corporation Defense Products Division. AD 429387, 1963.

[102] 胡连成,于翘,刘连元,等.俄罗斯航天透波材料技术.航天出国考察技术报告,1994,(1)：136－142.

[103] 肖永栋,刘红影,方晓敏.新型无机烧蚀材料的性能及潜在用途.玻璃钢/复合材料,2002,(3)：46－47.

[104] 田焕芳.石英增强磷酸盐复合材料制备和组织结构及力学性能.哈尔滨：哈尔滨工业大学硕士学位论文,2003.

[105] 周燕,郭卫红,罗进文,等.磷酸盐基复合材料的纤维涂膜与性能的研究.第五届中国功能材料及其应用学术会议,秦皇岛,2004.

[106] T.M. Place. Properties of BN－3DX, a 3－dimensional reinforced boron nitride composite. Proceedings of the 13th symposium on electromagnetic windows, Atlanta, 1976.

[107] Place T M. Low loss radar window for reentry vehicle：US, 4786548, 1988.

[108] 郭景坤,黄校先,庄汉锐.氮化硼纤维补强氮化硅防热天线窗材料.中国航空学会金属及

其陶瓷基复合材料学术会议,上海,2003.

[109] Paine R T, Narula C K. Synthetic routes to boron nitride. Chemical Reviews, 1990, 90:
73 - 91.

[110] 齐共金,张长瑞,王思青,等.无机天线罩功能材料的新进展.功能材料,2004,35(z1):
1701 - 1703.

[111] 姜勇刚,张长瑞,曹峰,等.宽频天线罩结构设计及制备工艺进展.材料导报,2006,
20(8): 1 - 4.

[112] 张长瑞,郝元恺.陶瓷基复合材料——原理、工艺、性能与设计.长沙:国防科技大学出
版社,2000.

[113] Lourie O R, Jones C R, Bartlett B M, et al. CVD growth of boron nitride nanotubes.
Chemistry of Materials, 2000, 12: 1808 - 1810.

[114] 侯向辉,李贺军,刘应楼,等.先进陶瓷基复合材料制备技术——CVI 法现状及进展.硅
酸盐通报,1999,18(2): 32 - 36.

[115] Byung J O, Young J L, Doo J C. Febrication of carbon/silicon carbide composites by
isothermal chemical vapor infiltration, using the in situ whisker-growing and matrix-filling
process. Journal of the American Ceramic Society, 2001, 84(1): 245 - 247.

[116] Omatete O, Janney M A. Method for molding ceramic powders using a water-based gel
casting: US, 5028362, 1991.

[117] Yu J L, Wang H J, Zhang J, et al. Effect of monomer content on physical properties of
silicon nitride ceramic green body prepared by gelcasting. Ceramics International, 2009,
35(3): 1039 - 1044.

[118] Ma J T, Xie Z P, Huang Y, et al. Gelcasting of ceramic suspension in acrylamide/
polyethylene glycol systems. Ceramics International, 2002, 28(8): 859 - 864.

[119] Ma J T, Xie Z P, Huang Y, et al. Gelcasting of alumina ceramics in the mixed acrylamide
and polyacrylamide systems. Journal of the European Ceramic Society, 2003, 23(13):
2273 - 2279.

[120] Nakano K, Kamiya A, Nishino Y, et al. Fabrication and characterization of three-
dimensional carbon fiber reinforced silicon carbide and silicon nitride composites. Journal of
the American Ceramic Society, 1995, 78(10): 2811 - 2814.

[121] Peuchert M, Vaahs T, Bruck M. Ceramics from organ metallic polymers. Advanced
Materials, 1990, 2(9): 398 - 404.

[122] 马江,张长瑞,周新贵,等.先驱体转化法制备陶瓷基复合材料异型构件研究.湖南宇航
材料学会年会,长沙,1998.

[123] Rice R W. Ceraimics from polymer pyrolysis, opportunities and needs — A materials
perspective. Ceramic Bullentin, 1983, 62(8): 889 - 892.

[124] Ainger F W, Herbert J M. The preparation of phosphorus-nitrogen compounds as non-porous
solids. New York: Academic Press, 1960.

[125] Chantrell P G, Popper P. Inorganic polymers and ceramics. New York: Academic Press,
1965.

[126] Popper P. New electrical ceramics and inorganic polymers. Brit. Ceram. Res. Assn. Special.

Publ., 1967, 57: 1 - 20.

[127] Verbeek W. Production of shaped articles of homogeneous mixtures of silicon carbide and nitride. US Patent, 3853567, 1974.

[128] Winter G, Verbeek W, Mansmann M. Production of shaped articles of silicon carbide and silicon nitride. US Patent, 3892583, 1975.

[129] Yajima S, Hasegawa Y, Okamura K, et al. Development of high tensile strength silicon carbide fibre using an organosilicon polymer precursor. Nature, 1978, 273: 525 - 527.

[130] Yajima S, Hayashi J, Okamura K. Pyrolysis of a polyborodiphenylsiloxane. Nature, 1977, 226: 521 - 522.

[131] Yajima S, Hayashi J, Okamura K, et al. Synthesis of continuous SiC fibers with high tensile strength. Journal of the American Ceramic Society, 1976, 59: 324 - 330.

第2章 透波结构的设计

高马赫数飞行器的恶劣飞行环境所带来的一系列问题对天线罩/天线窗等透波结构的设计与制备提出了严峻的挑战。

在高速飞行过程中,位于头部的天线罩承受着数种应力的考验。天线罩需承受气动载荷,包括气动力和气动力矩。当导弹过载机动飞行时,天线罩还要承受一定的惯性载荷。此外,天线罩还受到由温度急剧升高而引发的热应力。因此,天线罩的受力环境非常恶劣,这就要求天线罩材料具有优异的力学性能和抗热震性能。

在再入飞行阶段,由于受到气流的冲刷以及气动加热,天线罩会发生高温烧蚀。飞行速度越高,天线罩遭受的烧蚀就越严重。天线罩材料的基本电气参数会随着温度的升高而改变,例如,一般材料的介电常数随温度升高而变大等;高温环境使得天线罩材料及空气发生化学反应甚至电离,影响透波率;尤为重要的是,天线罩壁的尺寸减小,影响罩体的电气厚度,从而影响信号的传输和瞄准误差。如何在电气设计时将这些防热因素考虑进去,也是天线罩设计的难点之一。

此外,为满足实际应用的需求,还需要考虑与后部舱段的连接设计;对于长航时飞行器,还要考虑防热和隔热的设计,以保证内部电子元器件的正常工作。

2.1 透波设计的核心问题

天线罩是弹体头部一个完整的舱段,必须具备足够高的力学性能,以承受导弹高速飞行中气动载荷和环境粒子、雨流的冲刷,保证罩体的气动外形不发生大的变化;同时,天线罩还须满足雷达导引系统对功率传输系数、瞄准误差和瞄准误差斜率等电气性能的要求,保证导弹顺利完成精确制导及引爆等任务。具体来说,高温透波材料须满足以下性能要求[1,2]。

1. 优良的高温力学性能

天线罩处于弹体最前端,承受的气动载荷最大。导弹的气动载荷和惯性载荷将产生非常大的剪力、弯矩和轴向力,因此天线罩材料需具有足够的强度和刚性,使弹体不易变形,保持天线罩结构的完整性和可靠性。导弹高速飞行时由气动热引起的温度升高值大约与飞行马赫数的平方成正比[3],飞行速度越快,气动加热效应就越明显。当导弹在低空以马赫数 4 速度飞行时,天线罩表面的温度约为 800℃;当飞行速度为马赫数 6 时,罩体温度就会达到 1 400℃;当飞行速度达到马赫数 8~12 时,弹体表面温度可高达 2 400℃[4]。新型高马赫数导弹还具有飞行时间长等特点,这就要求天线罩能在高温下长时间保持良好的承载性能[5]。

此外,气动热会使天线罩表面温度急剧上升,再入型导弹升温速率可达到 500℃/s 以上[4],这就会在罩壁内外产生很大的温度梯度,从而在罩体内部产生很大的热应力。对于脆性较大的陶瓷材料,热应力过大将可能引起天线罩的灾难性破坏[6,7]。可见,天线罩材料还必须具有良好的抗热震性能。抗热震性能是材料力学性能和热学性能的综合表现,通常采用抗热震因子 R(临界破坏温差 ΔT_c)来描述:

$$R = \Delta T_c = \frac{\sigma_f(1-\nu)}{E\alpha} \tag{2.1}$$

式中,σ_f 为材料断裂强度;E 为弹性模量;ν 为泊松比;α 为热膨胀系数。

由式(2.1)可以看出,为保证天线罩具有较好的抗热震冲击能力,其组成材料需在具备高强度的同时,具有较低的热膨胀系数和弹性模量,尤其是热膨胀系数,其影响非常明显。抗热震性能是陶瓷天线罩的一个突出问题,对于采用了连续纤维增强复合材料,材料的可靠性大幅提高,但仍需考虑复合材料的断裂强度、弹性模量及各方向力学性能的平衡。

2. 优异的介电性能及温度稳定性

天线罩作为制导系统的一部分,必须满足透波率等电气性能的要求,它主要受材料介电常数 ε 和损耗角正切 $\tan\delta$ 的影响。介电常数是反映介质极化难易的一个物理量,而 $\tan\delta$ 体现了电磁波透过材料时信号衰减的大小[8]。低的介电常数和损耗角正切有助于减少电磁波在透波材料和空气界面的反射,同时能减少电磁波透过材料时发生的热量转换,从而保证具有较高的透波率和较大的壁厚容差[9,10]。

3. 良好的耐烧蚀性能

良好的耐烧蚀性能是导弹天线罩在高气动热环境下正常工作的重要保障。

当导弹以超高马赫数再入大气层时,天线罩表面温度可达 2 000～3 000℃,这将使天线罩表面产生气动热烧蚀[11]。气动热烧蚀一方面将使罩体表面变得粗糙不平,影响天线罩的气动外形和结构性能,另一方面将改变壁厚分布,影响天线罩电气厚度,增大瞄准误差。这就要求天线罩不仅要在高温飞行环境中保持良好的力学性能和结构整体性,还要在再入过程中具有较小的表面烧蚀量和良好的烧蚀形貌,实现烧蚀可控。

4. 耐恶劣环境性能

未来战争不仅要求武器具有很强的杀伤力和突防能力,还要具备全天候作战能力。导弹的全天候工作状态使得导弹经常要穿越自由分子流、过渡流和连续流等不同层次的大气环境,常会遇到雨滴、雪花、冰晶等水凝结物以及悬浮在大气中的尘埃粒子。弹头若在此环境中飞行和再入,就会与这些粒子发生高速碰撞,造成天线罩表面烧蚀和质量损失;同时,会使天线罩的气动外形存在变形或者解体的危险,进而影响弹头的自身生存和命中精度。因此,透波材料必须具有一定的表面硬度及耐潮湿环境的性能[12]。

综上所述,天线罩透波材料必须同时具备良好的高温力学性能、介电性能、耐烧蚀性能、耐恶劣环境性能,此外,还应具有良好的可加工性和较低的成本[13]。

2.2　透波结构的电性能设计

常用的透波结构有薄壁罩壁、单层谐振型罩壁和夹层罩壁等[10]。对于低损耗半波长平板材料,其功率传输系数 t_0 和电气厚度 φ 可由式(2.2)和式(2.3)表示为

$$t_0^2 = \frac{(1 - r_{ab0}^2)^2}{(1 - r_{ab0}^2)^2 + 4r_{ab0}^2 \sin^2\varphi} \tag{2.2}$$

$$\varphi = \frac{2\pi h}{\lambda_0}\sqrt{\varepsilon - \sin^2\theta} \tag{2.3}$$

式中,r_{ab0} 为界面反射系数;h 为天线罩的理论结构厚度(最佳壁厚);ε 为天线罩材料的介电常数;λ_0 为入射电磁波的波长;θ 为入射角。对于半波长壁天线罩,天线罩的最佳壁厚公式可为

$$h = \frac{\lambda_0}{2\sqrt{\varepsilon - \sin^2\theta_p}} \qquad\qquad (2.4)$$

式中,θ_p 为布儒斯特角。由式(2.4)可见,材料介电常数的变化将导致半波壁厚的变化,从而引起天线罩电气厚度的失配。以 10 GHz、1 阶半波壁天线罩为例,若使用介电常数为 4 的透波材料,当介电常数变化 0.2 时,等效于壁厚变化 0.2 mm,天线罩中心工作频率将偏离约 200 MHz,导致透波率的下降及天线罩插入相位延迟(IPD)的变化,直接影响天线罩的瞄准误差及误差斜率[7]。此外,介电常数也直接决定了天线罩的壁厚容差。例如,对于介电常数为 3.3~3.5 的石英陶瓷天线罩,其壁厚容差可达 0.1 mm,而对于介电常数分别为 6~8 和 9~10 的堇青石天线罩和氧化铝天线罩,壁厚容差将急剧下降到 0.01 mm 和 0.001 mm,给构件的加工带来巨大挑战[14]。因此,新型高温透波材料必须具有较低的介电常数和损耗角正切($\varepsilon < 4$, $\tan\delta < 0.01$),才能获得较理想的透波率和瞄准误差特性及可加工性[8]。

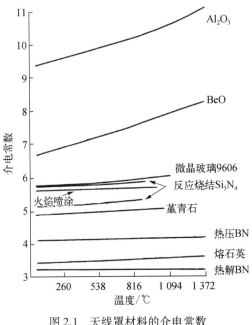

图 2.1　天线罩材料的介电常数
随温度变化曲线[16]

Walton[15] 和 Gilreath 与 Castellow[16] 研究了多种天线罩候选材料在 25~1 371℃ 的介电常数和损耗角正切的变化趋势,分别如图 2.1 和图 2.2 所示。由图 2.1 和图 2.2 可以看出,随着温度的升高,各种透波材料的介电常数变化相对平缓,但损耗角正切逐渐上升。其中,熔石英、反应烧结氮化硅和各向同性热解氮化硼的介电常数均较小,损耗角正切随温度的变化也比较平缓,具有优异的介电性能。

要对天线罩的罩壁进行结构设计,必须对电磁波在材料介质中的传播有深入了解,本节主要介绍电磁波在均匀介质中的传播理论以及简单结构功率透过系数的计算方法,相应理论引用自《天线罩电信设计方法》[9]和《雷达天线罩电性能设计技术》[10]两部专著。

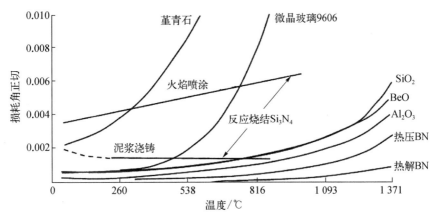

图 2.2　天线罩材料的损耗角正切随温度变化曲线[16]

2.2.1　电磁波在介质中传播的理论基础

1. 传播因子的计算方法

当讨论电磁波由一种介质射向另一种介质时,将由介质分界面的法线与电磁波入射线组成的平面称为入射平面。在入射平面上,入射线与法线之间的夹角称为入射角。而电场方向与入射平面的夹角称为电磁波极化角。电场在入射平面内的分量称为水平极化波;在入射平面法线方向的分量称为垂直极化波。

传播因子是计算天线罩的透射与反射系数过程的必要条件。图 2.3 为电磁波在介质中传输过程示意图,对传播因子做了较详细的图解。入射线由 a 区入射到 b 区,一部分由界面反射,另一部分穿过 b 区介质后进入自由空间形成透射波。由于存在界面的不连续,进入 b 区介质的电磁波必然在 b 区介质内来回反射。由 b 区介质引起的总反射是多次反射线的叠加,总透射也是多次透射线的叠加。

由图 2.3 可见,一次反射线与零次反射线之间的行程差因子或传播因子为

$$F_b = e^{-j(2k_2 \cdot r_2 - k_1 \cdot r_1)} \tag{2.5}$$

式中,k 表示入射线或者反射线的方向,且有

$$|r_1| = 2x\sin\theta_i, \quad |r_2| = d_b/\cos\theta_2 \text{ 或 } r_2 = ix + kz \tag{2.6}$$

式中,$z = d_b$,d_b 是 b 区介质的厚度,则

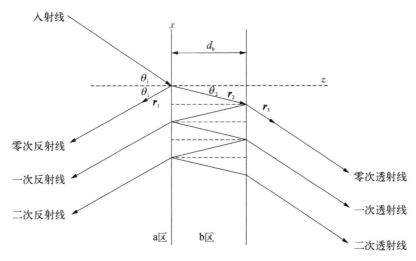

图 2.3　电磁波在介质中传输过程示意图

$$\boldsymbol{k}_2 \cdot \boldsymbol{r}_2 = \boldsymbol{k}_{2x} \cdot \boldsymbol{x} + \boldsymbol{k}_{2z} \cdot \boldsymbol{z} = \boldsymbol{k}_{2x} \cdot \boldsymbol{x} + \boldsymbol{k}_{2z} \cdot d_b \tag{2.7}$$

$$|\boldsymbol{k}_1 \cdot \boldsymbol{r}_1| = 2k_{10}x\sin\theta_i = 2k_{1x}x \tag{2.8}$$

因为
$$\boldsymbol{k}_{1x} = \boldsymbol{k}_{2x} \tag{2.9}$$

所以
$$F_b = e^{-j(2k_{2x}\cdot x + 2k_{2z}\cdot z - 2k_{1x}\cdot x)} = e^{-j2k_{2z}\cdot d_b} \tag{2.10}$$

因为
$$\boldsymbol{k}_{2x}^2 + \boldsymbol{k}_{2z}^2 = \boldsymbol{k}_{20}^2 \tag{2.11}$$

$$\boldsymbol{k}_{2z} = \sqrt{\boldsymbol{k}_{20}^2 - \boldsymbol{k}_{2x}^2} \tag{2.12}$$

$$\boldsymbol{k}_{2x} = \boldsymbol{k}_{20}\sin\theta_2 \tag{2.13}$$

所以
$$\boldsymbol{k}_{2z} = \sqrt{\boldsymbol{k}_{20}^2 - \boldsymbol{k}_{20}^2\sin^2\theta_2} = \boldsymbol{k}_{20}\sqrt{\varepsilon_a/\varepsilon_b}\sqrt{\varepsilon_b/\varepsilon_a - \sin^2\theta_i} \tag{2.14}$$

因为
$$\boldsymbol{k}_{20} = 2\pi\sqrt{\varepsilon_b/\varepsilon_a}/\lambda_0 \tag{2.15}$$

所以
$$\boldsymbol{k}_{2z} = 2\pi\sqrt{\varepsilon_b/\varepsilon_a - \sin^2\theta_i}/\lambda_0 \tag{2.16}$$

传播因子为

$$F_b = e^{-j2\pi\sqrt{\varepsilon_b/\varepsilon_a - \sin^2\theta_i}\cdot d_b/\lambda_0} \tag{2.17}$$

因为一次透射线与零次透射线之间行程差为

$$\Delta\phi'_b = k_2 \cdot r_2 + k_2 \cdot r_2 + k_2 \cdot r_2 - k_2 \cdot r_2 - k_1 \cdot r_3 = 2k_2 \cdot r_2 - k_1 \cdot r_3$$

$$(2.18)$$

很容易证明 $\qquad\qquad |r_3| = |r_1| \qquad\qquad (2.19)$

因为 $\qquad\qquad F'_b = e^{-j\Delta\phi'_b} \qquad\qquad (2.20)$

所以 $\qquad\qquad F'_b = F_b \qquad\qquad (2.21)$

由此可得结论:电磁波入射 b 区介质经折射后,不管是对反射波还是透射波,其传播因子都是 F_b,有

$$F_b = e^{-j2\pi\sqrt{\varepsilon_b/\varepsilon_a - \sin^2\theta_i} \cdot d_b/\lambda_0} \qquad (2.22)$$

设 $\varepsilon_a = \varepsilon_0$,$\varepsilon_b/\varepsilon_a = \varepsilon_{b0}(1 - j\tan\delta_b)$,且 $\tan\delta_b \ll 1$,因为

$$\sqrt{\varepsilon_b/\varepsilon_a - \sin^2\theta_i} = \sqrt{(\varepsilon_{b0} - \sin^2\theta_i) - j\varepsilon_{b0}\tan\delta_b}$$

$$\approx \sqrt{\varepsilon_{b0} - \sin^2\theta_i}[1 - j\varepsilon_{b0}\tan\delta_b/(2\varepsilon_{b0} - 2\sin^2\theta_i)]$$

$$(2.23)$$

所以 $\quad F_b = e^{-j2\pi\sqrt{\varepsilon_{b0}-\sin^2\theta_i} \cdot d_b/\lambda_0} \cdot e^{-(\pi/\lambda_0)[d_b\varepsilon_{b0}\tan\delta_b/(\varepsilon_{b0}-\sin^2\theta_i)^{1/2}]} = A_b e^{-j\phi_b} \quad (2.24)$

式中,

$$\begin{cases} A_b = e^{-(\pi/\lambda_0)[d_b\varepsilon_{b0}\tan\delta_b/(\varepsilon_{b0}-\sin^2\theta_i)^{1/2}]} \\ \phi_b = 2\pi\sqrt{\varepsilon_{b0} - \sin^2\theta_i} \cdot d_b/\lambda_0 \end{cases} \qquad (2.25)$$

由式(2.25)可知,电磁波在介质中的传播因子与介质的介电常数 ε_{b0}、介电损耗正切 $\tan\delta_b$、介质厚度 d_b 和入射角 θ_i 密切相关。传播因子幅值 A_b 随着 ε_{b0}、$\tan\delta_b$、d_b 和 θ_i 的增大而逐渐减小,但它们对 A_b 的影响不大,A_b 的值总是接近于 1 的。

2. 等效折射率的计算方法

为了便于运算,可以使用等效折射率的方法把介质分界面反射系数的表示式进行简化。

1) 水平极化波

$$r^e_{//ab} = -(\varepsilon_b\cos\theta_i/\varepsilon_a - \sqrt{\varepsilon_b/\varepsilon_a - \sin^2\theta_i})/(\varepsilon_b\cos\theta_i/\varepsilon_a + \sqrt{\varepsilon_b/\varepsilon_a - \sin^2\theta_i})$$

$$(2.26)$$

设 $\varepsilon_a = \varepsilon_0$，$\varepsilon_b' = \varepsilon_b / \varepsilon_a$，令 $\varepsilon_b' = \varepsilon_{b0}(1 - j\tan\delta_b)$，$r_{//ab} = -(n_{//ab} - 1)/(n_{//ab} + 1)$，式中，

$$n_{//ab} = (\varepsilon_{b0}\cos\theta_i - j\varepsilon_{b0}\tan\delta_b\cos\theta_i)/\sqrt{(\varepsilon_{b0} - \sin^2\theta_i) - j\varepsilon_{b0}\tan\delta_b} \tag{2.27}$$

由于天线罩材料一般使用低耗介质材料，$\tan\delta_b$ 一般小于 0.02，即

$$\varepsilon_{b0} - \sin^2\theta_i = \varepsilon_{b0}\tan\delta_b \tag{2.28}$$

则有

$$\sqrt{(\varepsilon_{b0} - \sin^2\theta_i) - j\varepsilon_{b0}\tan\delta_b} \approx \sqrt{\varepsilon_{b0} - \sin^2\theta_i}\left[1 - j\varepsilon_{b0}\tan\delta_b/(2\varepsilon_{b0} - 2\sin^2\theta_i)\right] \tag{2.29}$$

所以

$$n_{//ab} = \left[\varepsilon_{b0}\cos\theta_i(1 - j\tan\delta_b)/\sqrt{\varepsilon_{b0} - \sin^2\theta_i} \cdot \left[1 + j\varepsilon_{b0}\tan\delta_b/(2\varepsilon_{b0} - 2\sin^2\theta_i)\right]\right.$$
$$= \varepsilon_{b0}\cos\theta_i\{1 - j[1 - \varepsilon_{b0}/(2\varepsilon_{b0} - 2\sin^2\theta_i)]\tan\delta_b\}/\sqrt{\varepsilon_{b0} - \sin^2\theta_i} \tag{2.30}$$

再令

$$n_{//ab}' = \varepsilon_{b0}\cos\theta_i/\sqrt{\varepsilon_{b0} - \sin^2\theta_i} \tag{2.31}$$

$$k_{//ab} = (\varepsilon_{b0} - 2\sin^2\theta_i)\tan\delta_b/(2\varepsilon_{b0} - 2\sin^2\theta_i) \tag{2.32}$$

式中，$n_{//ab}'$ 称为等效折射系数；$k_{//ab}$ 称为等效相位滞后因子。同样，$k_{//ab} \ll 1$，所以

$$r_{//ab} = -(n_{//ab} - 1)/(n_{//ab} + 1)$$
$$= -[n_{//ab}' - 1 - jn_{//ab}'k_{//ab}]/[n_{//ab}' + 1 - jn_{//ab}'k_{//ab}]$$
$$= r_{//ab0}e^{-j\psi_{//ab}} \tag{2.33}$$

式中，
$$r_{//ab0} = -(n_{//ab}' - 1)/(n_{//ab}' + 1) \tag{2.34}$$

$$\psi_{//ab} = \arctan[2n_{//ab}'k_{//ab}/(n_{//ab}'^2 - 1)] \tag{2.35}$$

式中，$r_{//ab0}$ 为界面场强反射系数；$\psi_{//ab}$ 为界面反射场强的滞后相位，取主值。

2）垂直极化波

$$r_{\perp ab}^{e} = -(\cos\theta_i - \sqrt{\varepsilon_b/\varepsilon_a - \sin^2\theta_i})/(\cos\theta_i + \sqrt{\varepsilon_b/\varepsilon_a - \sin^2\theta_i})$$
$$= -(n_{\perp ab} - 1)/(n_{\perp ab} + 1) \tag{2.36}$$

式中，

$$n_{\perp ab} = \sqrt{\varepsilon_b/\varepsilon_a - \sin^2\theta_i}/\cos\theta_i \tag{2.37}$$

同前，存在

$$\varepsilon_b' = \varepsilon_{b0}(1 - j\tan\delta_b) \tag{2.38}$$

$$n_{\perp ab} = n_{\perp ab}'(1 - jk_{\perp ab}) \tag{2.39}$$

$$n_{\perp ab}' = \sqrt{\varepsilon_{b0} - \sin^2\theta_i}/\cos\theta_i, \quad k_{\perp ab} = \varepsilon_{b0}\tan\delta_b/(2\varepsilon_{b0} - 2\sin^2\theta_i) \tag{2.40}$$

则

$$r_{\perp ab} = -(n_{\perp ab}' - 1 - jn_{\perp ab}'k_{\perp ab})/(n_{\perp ab}' + 1 - jn_{\perp ab}'k_{\perp ab}) = r_{\perp ab0}e^{-j\psi_{\perp ab}} \tag{2.41}$$

$$\begin{cases} r_{\perp ab0} = -(n_{\perp ab}' - 1)/(n_{\perp ab}' + 1) \\ \psi_{\perp ab} = \arctan[2n_{\perp ab}'k_{\perp ab}/(n_{\perp ab}'^2 - 1)] \end{cases} \tag{2.42}$$

式中，$\psi_{\perp ab}$ 仅取主值。

通过使用等效折射率，将界面反射系数表示式归纳如下。

$$\varepsilon_b' = \varepsilon_b/\varepsilon_a = \varepsilon_{b0}(1 - j\tan\delta_b) \tag{2.43}$$

$$\begin{cases} n_{/\!/ab}' = \varepsilon_{b0}\cos\theta_i/\sqrt{\varepsilon_{b0} - \sin^2\theta_i} \\ k_{/\!/ab} = (\varepsilon_{b0} - 2\sin^2\theta_i)\tan\delta_b/(2\varepsilon_{b0} - 2\sin^2\theta_i) \end{cases} \tag{2.44}$$

$$\begin{cases} n_{\perp ab}' = \sqrt{\varepsilon_{b0} - \sin^2\theta_i}/\cos\theta_i \\ k_{\perp ab} = \varepsilon_{b0}\tan\delta_b/(2\varepsilon_{b0} - 2\sin^2\theta_i) \end{cases} \tag{2.45}$$

式中，$(n_{/\!/ab}')^2$、$(n_{\perp ab}')^2$ 可称为相应电波极化分量的等效介电常数。

$$\begin{cases} r_{/\!/ab} = r_{/\!/ab0}e^{-j\psi_{/\!/ab}} \\ r_{/\!/ab0} = -(n_{/\!/ab}' - 1)/(n_{/\!/ab}' + 1) \\ \psi_{/\!/ab} = \arctan[2n_{/\!/ab}'k_{/\!/ab}/(n_{/\!/ab}'^2 - 1)] \end{cases} \tag{2.46}$$

$$\begin{cases} r_{\perp ab} = r_{\perp ab0}\,e^{-j\psi_{\perp ab}} \\ r_{\perp ab0} = -\,(n'_{\perp ab} - 1)/(n'_{\perp ab} + 1) \\ \psi_{\perp ab} = \arctan\!\left[2n'_{\perp ab}k_{\perp ab}/(n'^{2}_{\perp ab} - 1) \right] \end{cases} \qquad (2.47)$$

对照式(2.46)和式(2.47)可以看出,在形式上两者是完全一致的。因此,在使用界面反射系数时,下角不再写电场极化方向(// ,⊥),而通用式(2.48)表示为

$$\begin{cases} r_{ab} = r_{ab0}\,e^{-j\psi_{ab}} \\ r_{ab0} = -\,(n'_{ab} - 1)/(n'_{ab} + 1) \\ \psi_{ab} = \arctan\!\left[2n'_{ab}k_{ab}/(n'^{2}_{ab} - 1) \right] \end{cases} \qquad (2.48)$$

由式(2.44)~式(2.47)可看出,$\tan\delta_{b}$ 值越大,相位滞后因子值也越大,则滞后相位值也与 $\tan\delta_{b}$ 成比例的增加。

3. 介质间界面反射与传输的计算方法

图 2.4 为电磁波在夹层结构介质界面上的传播示意图。电磁波自介质 a 区入射到介质 b 区,一部分透过 a 区与 b 区的分界面,在 b 区中传播,最后到达介质 b 区和介质 c 区的分界面上,在介质 b 区与 c 区的分界面上再次产生反射与折射。

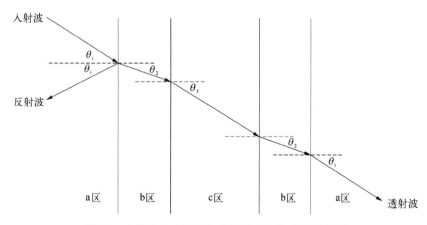

图 2.4　电磁波在夹层结构介质界面上的传播示意图

参照前面的推导过程,可以得到水平极化波的反射系数为

$$r_{/\!/cb} = -\left[(\varepsilon_{b}/\varepsilon_{c})\cos\theta_{3} - \sqrt{\varepsilon_{b}/\varepsilon_{c} - \sin^{2}\theta_{3}} \right] \Big/ \left[(\varepsilon_{b}/\varepsilon_{c})\cos\theta_{3} + \sqrt{\varepsilon_{b}/\varepsilon_{c} - \sin^{2}\theta_{3}} \right] \qquad (2.49)$$

式中,$r_{/\!/cb}$ 表示由介质 c 区向介质 b 区入射的反射系数,入射角为 θ_{3}。由折射定

律可知：

$$\sqrt{\varepsilon_a}\sin\theta_i = \sqrt{\varepsilon_b}\sin\theta_2 = \sqrt{\varepsilon_c}\sin\theta_3 \qquad (2.50)$$

则

$$\cos\theta_3 = \sqrt{1 - \sin^2\theta_3} = \sqrt{1 - (\varepsilon_a/\varepsilon_c)\sin^2\theta_i} \qquad (2.51)$$

所以

$$
\begin{aligned}
r_{/\!/cb} &= -\left[(\varepsilon_b/\varepsilon_c)\sqrt{\varepsilon_c/\varepsilon_a - \sin^2\theta_i} - \sqrt{\varepsilon_b/\varepsilon_a - \sin^2\theta_i}\right]/ \\
&\quad \left[(\varepsilon_b/\varepsilon_c)\sqrt{\varepsilon_c/\varepsilon_a - \sin^2\theta_i} + \sqrt{\varepsilon_b/\varepsilon_a - \sin^2\theta_i}\right] \\
&= -\left[\varepsilon_b\sqrt{\varepsilon_c/\varepsilon_a - \sin^2\theta_i}/(\varepsilon_c\sqrt{\varepsilon_b/\varepsilon_a - \sin^2\theta_i}) - 1\right]/ \\
&\quad \left[\varepsilon_b\sqrt{\varepsilon_c/\varepsilon_a - \sin^2\theta_i}/(\varepsilon_c\sqrt{\varepsilon_b/\varepsilon_a - \sin^2\theta_i}) + 1\right] \\
&= -(n_{/\!/cb} - 1)/(n_{/\!/cb} + 1) \qquad (2.52)
\end{aligned}
$$

令等效折射率为

$$n_{/\!/cb} = \varepsilon_b\sqrt{\varepsilon_c/\varepsilon_a - \sin^2\theta_i}/(\varepsilon_c\sqrt{\varepsilon_b/\varepsilon_a - \sin^2\theta_i}) \qquad (2.53)$$

如前所示，$\varepsilon_a = \varepsilon_0$，$\varepsilon_b = \varepsilon_{b0}(1 - j\tan\delta_b)$，设 $\varepsilon_c = \varepsilon_{c0}(1 - j\tan\delta_c)$，且 $\tan\delta_b \ll 1$，$\tan\delta_c \ll 1$，所以有

$$
\begin{aligned}
n_{/\!/cb} &= \left[\varepsilon_{b0}(1 - j\tan\delta_b)\sqrt{\varepsilon_{c0}(1 - j\tan\delta_c) - \sin^2\theta_i}\right]/ \\
&\quad \left[\varepsilon_{c0}(1 - j\tan\delta_c)\sqrt{\varepsilon_{b0}(1 - j\tan\delta_b) - \sin^2\theta_i}\right] \\
&= (\varepsilon_{b0}/\varepsilon_{c0})(1 - j\tan\delta_b)(1 + j\tan\delta_c)(\sqrt{\varepsilon_{c0} - \sin^2\theta_i - j\varepsilon_{c0}\tan\delta_c}/ \\
&\quad \sqrt{\varepsilon_{b0} - \sin^2\theta_i - j\varepsilon_{b0}\tan\delta_b}) \\
&= (\varepsilon_{b0}/\varepsilon_{c0})\sqrt{(\varepsilon_{c0} - \sin^2\theta_i)/(\varepsilon_{b0} - \sin^2\theta_i)} \\
&\quad - \left[1 - j(\varepsilon_{b0} - 2\sin^2\theta_i)\tan\delta_b/(2\varepsilon_{b0} - 2\sin^2\theta_i) + \right. \\
&\quad \left. j(\varepsilon_{c0} - 2\sin^2\theta_i)\tan\delta_c/(2\varepsilon_{c0} - 2\sin^2\theta_i)\right] \qquad (2.54)
\end{aligned}
$$

令

$$
\begin{aligned}
n'_{/\!/cb} &= (\varepsilon_{b0}/\varepsilon_{c0})\sqrt{(\varepsilon_{c0} - \sin^2\theta_i)/(\varepsilon_{b0} - \sin^2\theta_i)} \\
k_{/\!/cb} &= (\varepsilon_{b0} - 2\sin^2\theta_i)\tan\delta_b/(2\varepsilon_{b0} - 2\sin^2\theta_i) - \\
&\quad (\varepsilon_{c0} - 2\sin^2\theta_i)\tan\delta_c/(2\varepsilon_{c0} - 2\sin^2\theta_i) \qquad (2.55)
\end{aligned}
$$

则
$$n_{//cb} = n'_{//cb}(1 - jk_{//cb}) \tag{2.56}$$

类似前面的推导,可得

$$r_{//cb0} = -(n'_{//cb} - 1)/(n'_{//cb} + 1) \tag{2.57}$$

$$\psi_{//cb} = \arctan[2n'_{//cb}k_{//cb}/(n'^2_{//cb} - 1)] \tag{2.58}$$

$$r_{//cb} = r_{//cb0}e^{-j\psi_{//cb}} \tag{2.59}$$

对于垂直极化波,有

$$
\begin{aligned}
r_{\perp cb} &= -[\cos\theta_3 - \sqrt{\varepsilon_b/\varepsilon_c - \sin^2\theta_3}]/[\cos\theta_3 + \sqrt{\varepsilon_b/\varepsilon_c - \sin^2\theta_3}] \\
&= (\sqrt{\varepsilon_c/\varepsilon_a - \sin^2\theta_i} - \sqrt{\varepsilon_b/\varepsilon_a - \sin^2\theta_i})/ \\
&\quad (\sqrt{\varepsilon_c/\varepsilon_a - \sin^2\theta_i} + \sqrt{\varepsilon_b/\varepsilon_a - \sin^2\theta_i}) \\
&= -(n_{\perp cb} - 1)/(n_{\perp cb} + 1)
\end{aligned} \tag{2.60}
$$

式中,

$$
\begin{aligned}
n_{\perp cb} &= \sqrt{\varepsilon_b/\varepsilon_a - \sin^2\theta_i}/\sqrt{\varepsilon_c/\varepsilon_a - \sin^2\theta_i} \\
&= \sqrt{\varepsilon_{b0}(1 - j\tan\delta_b) - \sin^2\theta_i}/\sqrt{\varepsilon_{c0}(1 - j\tan\delta_c) - \sin^2\theta_i} \\
&= \sqrt{(\varepsilon_{b0} - \sin^2\theta_i)/(\varepsilon_{c0} - \sin^2\theta_i)}[1 - j\varepsilon_{b0}\tan\delta_b/ \\
&\quad (2\varepsilon_{b0} - 2\sin^2\theta_i)]/[1 - j\varepsilon_{c0}\tan\delta_c/(2\varepsilon_{c0} - 2\sin^2\theta_i)] \\
&= \sqrt{(\varepsilon_{b0} - \sin^2\theta_i)/(\varepsilon_{c0} - \sin^2\theta_i)}\{1 - j[\varepsilon_{b0}\tan\delta_b/ \\
&\quad (2\varepsilon_{b0} - 2\sin^2\theta_i) - \varepsilon_{c0}\tan\delta_c/(2\varepsilon_{c0} - 2\sin^2\theta_i)]\} \\
&= n'_{\perp cb}(1 - jk_{\perp cb})
\end{aligned} \tag{2.61}
$$

式中,

$$n'_{\perp cb} = \sqrt{(\varepsilon_{b0} - \sin^2\theta_i)/(\varepsilon_{c0} - \sin^2\theta_i)}$$

$$k_{\perp cb} = \varepsilon_{b0}\tan\delta_b/(2\varepsilon_{b0} - 2\sin^2\theta_i) - \varepsilon_{c0}\tan\delta_c/(2\varepsilon_{c0} - 2\sin^2\theta_i) \tag{2.62}$$

同样可得

$$r_{\perp cb0} = -(n'_{\perp cb} - 1)/(n'_{\perp cb} + 1) \tag{2.63}$$

$$\psi_{\perp cb} = \arctan[2n'_{\perp cb}k_{\perp cb}/(n'^2_{\perp cb} - 1)] \tag{2.64}$$

$$r_{\perp cb} = r_{\perp cb0}e^{-j\psi_{\perp cb}} \tag{2.65}$$

归纳可得

$$r_{cb} = r_{cb0}e^{-j\psi_{cb}} \tag{2.66}$$

2.2.2　单层结构平板材料透波率的计算方法

为推导单层平板的透射系数与反射系数,需引入电磁波的多次反射概念。除了半无穷大介质区,对于各种结构的均匀厚度平板介质,电磁波的传播过程都是由多次反射波叠加而成的。电磁波的多次反射大体过程如下:在介质前面由原辐射的第一次入射波传播到不匹配的介质分界面处,产生第一次反射波,当传播到后介质分界面时,又产生反射波,此反射波在介质中反方向传播,当传到前介质分界面时,部分再反射到介质中,部分穿过前介质面,以与第一次反射波相同的方向传播。以后过程与前述相似,因此在介质前的反射波是多次反射波的总和。

设单层实心平板由介质 b 区组成,其相对介电常数为 ε_{bc},损耗角正切为 $\tan\delta_b$,其透射与反射示意图如图 2.5 所示。电磁波在介质 b 区中的传播因子如式(2.25)所示。因此,单层平板总透过系数为

$$T = t_{ab}t_{bc}F_b\left[1 + (F_b^2 r_{ba}r_{bc}) + (F_b^2 r_{ba}r_{bc})^2 + \cdots + (F_b^2 r_{ba}r_{bc})^{n-1}\right] = \frac{F_b t_{ab}t_{bc}}{1 - F_b^2 r_{ba}r_{bc}}$$

$$(2.67)$$

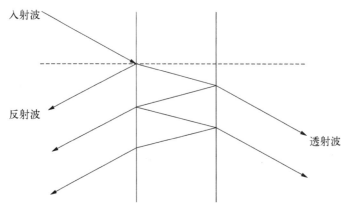

图 2.5　单层实心平板的透射与反射示意图

对于单层实心平板,因为 c 区也是自由空间,所以 c 区与 a 区等效,即

$$t_{ab} \cdot t_{bc} = t_{ab} \cdot t_{ba} = 1 - r_{ab}^2 \qquad (2.68)$$

$$r_{ba}r_{bc} = r_{ba}r_{ba} = r_{ab}^2 \qquad (2.69)$$

因此

$$T = \frac{F_b(1 - r_{ab}^2)}{1 - F_b^2 r_{ab}^2} \qquad (2.70)$$

将式(2.17)、式(2.48)代入式(2.70),则有

$$T = \frac{A_b e^{-j\phi_b}(1 - r_{ab0}^2 e^{-j2\psi_{ab}})}{1 - A_b^2 r_{ab0}^2 e^{-j(2\phi_b + 2\psi_{ab})}} = \frac{A_b e^{-j\phi_b}[1 + r_{ab0}^4 - 2r_{ab0}^2 \cos2\psi_{ab}]^{1/2} e^{j\phi_3}}{[1 + A_b^4 r_{ab0}^4 - 2A_b^2 r_{ab0}^2 \cos(2\phi_b + 2\psi_{ab})]^{1/2} e^{j\phi_2}} = t_0 e^{-j\phi_t}$$

$$(2.71)$$

式中,

$$t_0 = \frac{A_b[(1 - r_{ab0}^2)^2 + 4r_{ab0}^2 \sin^2\psi_{ab}]^{1/2}}{[(1 - A_b^2 r_{ab0}^2)^2 + 4A_b^2 r_{ab0}^2 \sin^2(\phi_b + \psi_{ab})]^{1/2}} \qquad (2.72)$$

$$\phi_t = \phi_b + \phi_2 - \phi_3$$

$$\phi_2 = \arctan \frac{A_b^2 r_{ab0}^2 \sin2(\phi_b + \psi_{ab})}{1 - A_b^2 r_{ab0}^2 \cos2(\phi_b + \psi_{ab})} \qquad (2.73)$$

$$\phi_3 = \arctan \frac{r_{ab0}^2 \sin 2\psi_{ab}}{1 - r_{ab0}^2 \cos 2\psi_{ab}} \qquad (2.74)$$

$$d_b = \frac{n\lambda_0}{2\sqrt{\varepsilon_b - \sin^2\theta_i}} \qquad (2.75)$$

式(2.71)中,t_0为功率透过系数的平方根;φ_t为透射波相移。式(2.75)中,d_b为半波长壁结构壁厚,一般取 $n=1$ 的情况(n 较大时,在 λ_0 处功率透过系数也能取极值,但宽频透波性能不如 $n=1$ 的情况)。

2.2.3　夹层结构平板材料透波率的计算方法

参照单层平板材料的透射与反射的推导,可以得到对称 A 型夹层平板的等效电路,如图 2.6 所示。

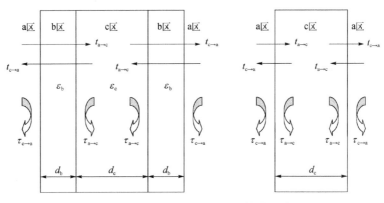

图 2.6　对称 A 型夹层平板的等效电路

运用多次反射概念,很容易由等效电路得到对称 A 型夹层平板的透过率为

$$\tau = \frac{F_c t_{a\to c} t_{c\to a}}{1 - F_c^2 r_{c\to a} r_{a\to c}} = \frac{A_c t_a t_c e^{-j(\phi_c + \phi_{t\to c} + \phi_{t\to a})}}{[(1 - A_c^2 r_c^2)^2 + 4A_c^2 r_c^2 \sin^2(\phi_c + \phi_{r\to a})]^{1/2} e^{j\phi_{12}}} = \tau_0 e^{-j\phi_\tau} \tag{2.76}$$

式中,

$$\tau_0 = \frac{A_c t_a t_c}{[(1 - A_c^2 r_c^2)^2 + 4A_c^2 r_c^2 \sin^2(\phi_c + \phi_{r\to a})]^{1/2}} \tag{2.77}$$

$$\phi_\tau = \phi_c + \phi_{t\to c} + \phi_{t\to a} + \phi_{12} \tag{2.78}$$

$$\phi_{12} = \arctan \frac{A_c^2 r_c^2 \sin[2(\phi_c + \phi_{r\to a})]}{1 - A_c^2 r_c^2 \cos[2(\phi_c + \phi_{r\to a})]} \tag{2.79}$$

在单层平板性能的推导过程中,t_a、t_c 对不同的极化有不同的表示式。在对称 A 型夹层平板中,可以把损耗角正切较小的材料的 t_a 与 t_c 乘积的不同极化表示式统一为一种形式,即

$$t_a t_c = \begin{cases} t_a^{/\!/} t_c^{/\!/} = \dfrac{A_b(1 - r_{/\!/ab0})(1 + r_{/\!/ab0}) \cdot A_b(1 - r_{/\!/cb0})(1 + r_{/\!/cb0})}{(1 - A_b^2 r_{/\!/ab0} r_{/\!/cb0})^2 + 4A_b^2 r_{/\!/ab0} r_{/\!/cb0} \sin^2\left[\phi_b + \dfrac{1}{2}(\psi_{/\!/cb}\psi_{/\!/ab})\right]} \\[4mm] t_a^{\perp} t_c^{\perp} = \dfrac{A_b(1 + r_{\perp ab0})(1 - r_{\perp ab0}) \cdot A_b(1 + r_{\perp cb0})(1 - r_{\perp cb0})}{(1 - A_b^2 r_{\perp ab0} r_{\perp cb0})^2 + 4A_b^2 r_{\perp ab0} r_{\perp cb0} \sin^2\left[\phi_b + \dfrac{1}{2}(\psi_{\perp cb}\psi_{\perp ab})\right]} \\[4mm] t_a t_c = \dfrac{A_b^2(1 - r_{ab0}^2)(1 - r_{cb0}^2)}{(1 - A_b^2 r_{ab0} r_{cb0})^2 + 4A_b^2 r_{ab0} r_{cb0} \sin^2\left[\phi_b + \dfrac{1}{2}(\psi_{cb}\psi_{ab})\right]} \end{cases} \tag{2.80}$$

由式(2.77)可知

$$\tau_0^2 = \frac{A_c^2 t_a^2 t_c^2}{(1 - A_c^2 r_c^2)^2 + 4A_c^2 r_c^2 \sin^2(\phi_c + \phi_{r\to a})} \tag{2.81}$$

由双层平板的透过与反射得

$$\phi_{r\to a} = \phi_4' + \phi_5 + \psi_{cb}$$

$$\phi_4' = -\arctan \frac{A_b^2 \dfrac{r_{ab0}}{r_{cb0}} \sin(2\phi_b + \psi_{ab} - \psi_{cb})}{1 - A_b^2 \dfrac{r_{ab0}}{r_{cb0}} \cos(2\phi_b + \psi_{ab} - \psi_{cb})},$$

$$\phi_5 = \arctan \frac{A_b^2 r_{ab0} r_{cb0} \sin(2\phi_b + \psi_{ab} + \psi_{cb})}{1 - A_b^2 r_{ab0} r_{cb0} \cos(2\phi_b + \psi_{ab} + \psi_{cb})}$$

$$r_c = r_{cb0} \left\{ \frac{\left(1 - A_b^2 \dfrac{r_{ab0}}{r_{cb0}}\right)^2 + 4A_b^2 \dfrac{r_{ab0}}{r_{cb0}} \sin^2\left[\phi_b + \dfrac{1}{2}(\psi_{ab} - \psi_{cb})\right]}{(1 - A_b^2 r_{ab0} r_{cb0})^2 + 4A_b^2 r_{ab0} r_{cb0} \sin^2\left[\phi_b + \dfrac{1}{2}(\psi_{ab} + \psi_{cb})\right]} \right\}^{\frac{1}{2}}$$

$$\tag{2.82}$$

由式(2.25)可得

$$A_b^2 = e^{-\frac{2\pi d_b}{\lambda_0} \frac{\varepsilon_b \tan\delta_b}{(\varepsilon_b - \sin^2\theta_0)^{1/2}}} \tag{2.83}$$

$$A_c^2 = e^{-\frac{2\pi d_c}{\lambda_0} \frac{\varepsilon_c \tan\delta_c}{(\varepsilon_c - \sin^2\theta_0)^{1/2}}} \tag{2.84}$$

$$\phi_b = \frac{2\pi d_b}{\lambda_0} \sqrt{\varepsilon_b - \sin^2\theta_i} \tag{2.85}$$

$$\phi_c = \frac{2\pi d_c}{\lambda_0} \sqrt{\varepsilon_c - \sin^2\theta_i} \tag{2.86}$$

r_{ab0}、r_{cb0}、ψ_{ab}、ψ_{cb} 用前面所列公式进行计算,它们有两个取值,由垂直和平行下标分别表示。

$$\tau_0 = c/f_0, \quad c \text{ 为光速} \tag{2.87}$$

由式(2.81)求解 τ_0^2 与 f_0 的关系,其中,d_b、d_c、θ_0、$\tan\delta_b$、$\tan\delta_c$、ε_b、ε_c 是已知的,θ_0 与 θ_i,ε_b 与 ε_{b0},ε_c 与 ε_{c0} 取值相同,f_0 为 2~18 GHz。

由 τ_0 的表达式可知,τ_0 是 φ_c 的显函数。

若 $\dfrac{\partial \tau_0^2}{\partial \phi_c} = 0$, 则 $-8A_c^2 r_c^2 \sin(\phi_c + \phi_{r \to a}) \cos(\phi_c + \phi_{r \to a}) = 0$。 当 $\sin(\phi_c + \phi_{r \to a}) = 0$ 时, $\phi_c + \phi_{r \to a} = n\pi$, τ_0^2 有极大值;当 $\cos(\phi_c + \phi_{r \to a}) = 0$ 时, $\phi_c + \phi_{r \to a} = n\pi + \dfrac{\pi}{2}$, τ_0^2 有极小值。当 $n = 0$ 时称为零级夹层,当 $n = 1$ 时称为一级夹层,在制备平板时一般选取零级夹层。当给定 d_b、θ_0、$\tan\delta_b$、$\tan\delta_c$、ε_b、ε_c、f_0 等参数时,可求出 τ_{0max} 对应的 d_c。以上计算可用 MATLAB 编程计算,再输出计算结果。

2.2.4　单层结构罩壁的设计实例

天线罩的壁厚设计基于两方面的考虑:① 需要具备足够的结构强度,满足力学性能的要求;② 需要满足电气性能的要求,使天线罩在指定频段具有良好的透波性能。

对于材料参数,相对介电常数取 2.7,损耗角正切取 0.004,设计频率取 2~18 GHz 的宽频段。为得到谐振壁厚,首先基于罩体轮廓和天线尺寸、安装位置,估算电磁波的平均入射角 $\bar{\theta}$,则 n 阶谐振壁厚为

$$d_n = \frac{n\lambda_0}{2\sqrt{\varepsilon_r - \sin^2\bar{\theta}}} \tag{2.88}$$

其中,罩体和天线都是旋转对称体,可按二维问题计算 $\bar{\theta}$,计算时假设电磁射线垂直于天线口面发出,均匀采样,并按 Taylor 分布计入非均匀激励的影响。根据材料性能指标,结合对天线罩提出的性能要求,假定主动透波频段的中心频点为 17 GHz,可以计算出该材料的一阶壁厚为 5.9 mm,二阶壁厚为 11.8 mm。考虑到承载的要求,一阶壁厚难以满足,因此在二阶壁厚附近进行优化。采用相关理论和模型,对罩体壁厚 d 和透波率的关系进行理论分析计算。相关结果如图 2.7 所示。

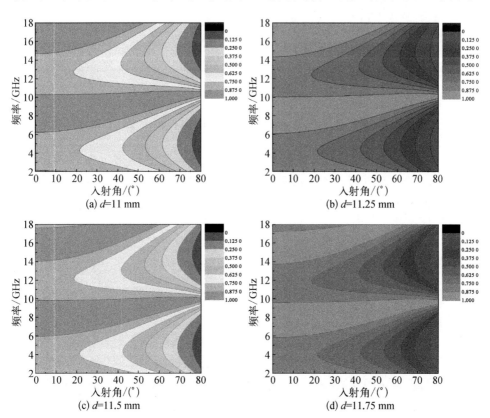

(a) d=11 mm

(b) d=11.25 mm

(c) d=11.5 mm

(d) d=11.75 mm

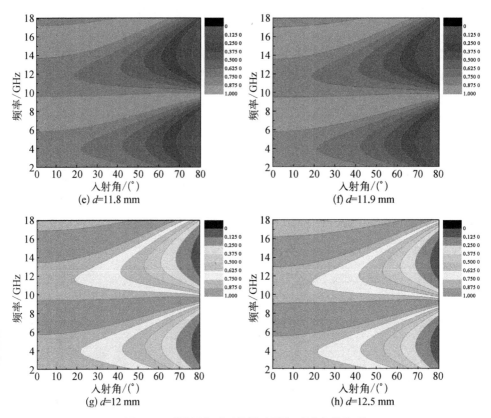

图 2.7　不同频率下天线罩壁厚与透波率的关系

从图 2.7 可以看到,当天线罩壁厚为 11~12 mm 时,若入射角小于 60°,则天线罩在 2~18 GHz 频段内的透波率均大于 50%,且在主动频段 17 GHz 附近的透波率均大于 75%。结合力学性能设计和电性能设计的结果,本设计优选的罩壁厚度为 11.8 mm。

2.2.5　整罩透波性能模拟

快速高效地分析天线罩对天线性能的影响至关重要,是衡量雷达误差、改进设计的基础。

在分析天线罩电气特性时,除了要综合考虑天线罩本身各项因素的影响,还必须考虑其内部天线的辐射特性影响,通常要把天线和天线罩作为一个整体来分析。目前,常见的天线罩分析方法有两大类:高频近似法和数值解法。

高频近似法是目前广泛采用的一类方法,也是发展最早且最为成熟稳定的一类方法,已有几十年的历史。高频近似法把电磁波的传播近似为零波长光线的传播,采用基于费马原理的射线轨迹理论来进行分析。高频近似法有几何光学法、物理光学法、平面波谱法和复射线法等多种实现方式。其中,几何光学法最简单,它把天线发出的电磁波当作单一平面波,其适用范围是天线罩的几何尺寸和曲率半径远大于入射波波长的情况。物理光学法基于惠更斯原理,考虑光线传播的衍射效应,相对几何光学法具有稍宽的适用范围,但并没有质的改善。当天线罩几何尺寸较小时,可考虑采用平面波谱法,此时,天线罩壁处于天线的近区场内,几何光学法假定的单一平面波已不再恰当,平面波谱法把天线的辐射场量按级数展开为多个平面波,分别求解后叠加,结果更好,但也更复杂。

电磁场数值方法的产生源于计算机计算能力的飞速发展,是目前解决电磁场问题的热点和趋势。在天线罩分析方面,常用的有矩量法(method of moments,MOM)和时域有限差分法(finite difference time domain,FDTD)。数值方法的共同特点是,将天线(或天线阵)和天线罩,甚至包括其他附件,作为一个整体进行分析。其优点是明显的,它们基本考虑了前述的各种因素,能较大限度地反映真实的电磁作用过程。不过,由于数值方法本身的局限性,它们很难推广到电大尺寸的天线—天线罩系统特性分析中。

在一般设计中,天线罩几何尺度为米级,在主动高频段是一个典型的电大尺寸问题,无法用数值解法精确求解,因此选用高频方法中的几何光学-等效口径法作为其主要的分析方法,计算整罩的透波率和瞄准误差。在 4 GHz 以下的被动频段,变为一个中等电尺寸问题,上述高频解法不再适用,需用数值方法研究其特性,可选用基于矩量法的商业软件 FEKO 作为主要的设计方法。

1. 主动频段

几何光学-等效口径法主要用于分析电大尺寸天线罩特性,基于以下几点假设。

(1)电波在天线罩表面可近似为平面波,电磁能量从天线口径出发,并沿直线传播。

(2)天线罩的曲率半径远大于波长,天线发出的电磁波与罩壁的作用可看作平面波向介质平板入射。

(3)罩壁材料是均匀、线性且各向同性的。

因此,在忽略罩壁与天线之间多次反射的影响后,近似认为天线产生的是一

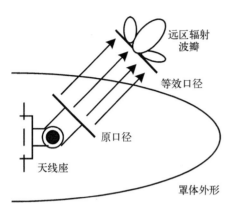

图 2.8　几何光学射线跟踪法原理图

束垂直于天线口径平面的平行波束,它们沿直线传播,大部分能量穿过天线罩后,在罩外近区形成一个与原口径大小相等且平行的等效口径,远区辐射波瓣由等效口径上的场分布决定,如图 2.8 所示。

可见,几何光学射线跟踪法分析天线罩的根本是求等效口径的场分布。

等效口径场分布的求解一般采用离散化的方法。可以证明,当采样间隔远小于波长时,结果具有不变性。设天线口径的场分布为

$$A_{mn}\exp(j\varphi_{mn}) \tag{2.89}$$

式中,m 和 n 分别表示离散化序数。当离散化序数为 m、n 的射线穿过天线罩时,幅度要乘上 $|T_{mn}|$,相位要滞后插入相移 IPD_{mn},它们都是与此射线的入射角和极化角有关的量。等效口径的场分布为

$$A_{mn}|T_{mn}|\exp[j(\varphi_{mn}-\mathrm{IPD}_{mn})] \tag{2.90}$$

至此,加罩天线方向图可通过对式(2.90)加权辐射元因子后累加(积分)求得。

几何光学-等效口径法计算天线罩特性的基本框图如图 2.9 所示,可实现加罩天线方向图失真、功率传输系数和瞄准误差等特征量的计算。

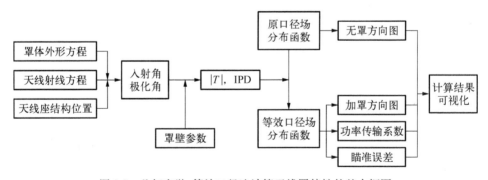

图 2.9　几何光学-等效口径法计算天线罩特性的基本框图

2. 被动频段

被动频段整罩特性用电磁计算软件 FEKO 计算。罩体外形用 UG 软件生成

三维图,然后导入 FEKO 软件中。所建模型和计算界面如图 2.10 所示。

　　被动天线为平面螺旋天线,模型如图 2.11 所示。计算表明,其在 0.38 ~ 4 GHz 频段内的 3 dB 宽度约为 60°,可作为天线罩电性能计算时被动天线的近似模型。该天线在 3 GHz 时的典型方向图如图 2.12 所示。

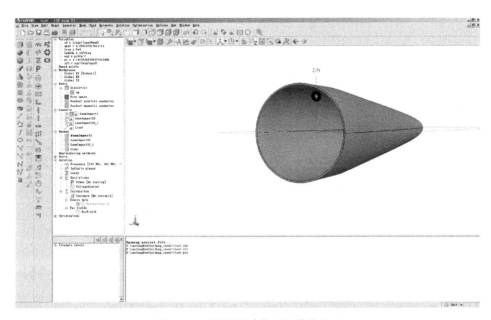

图 2.10　天线罩所建模型和计算界面

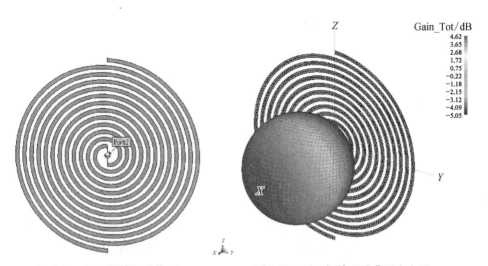

图 2.11　平面螺旋天线模型　　　　　图 2.12　平面螺旋天线典型方向图

在此基础上,采用 FEKO 软件中内置的矩量法求解器,分别计算各频点有无天线罩时的方向图,可分别计算出被动频段内几个频率采样点处铅垂面方向加罩前后的增益比较,进一步考察天线罩对被动天线电性能的影响。

2.3　透波结构的力学性能设计

在飞行器的高速飞行过程中,位于头部的天线罩或位于迎风面的天线窗承受着数种应力的考验。首先,天线罩需承受气动载荷,包括气动力和气动力矩。当导弹过载机动飞行时,天线罩还要承受一定的惯性载荷。此外,天线罩还受到由温度急剧升高而引发的热应力。因此,天线罩的受力环境非常恶劣,在对天线罩/天线窗进行结构设计时,必须根据具体飞行速度,对其进行全面的载荷和应力分析,并对结构件进行详细的强度计算,以确保承受预期的飞行载荷[17,18]。为满足使用要求,首先要进行透波材料的结构和性能设计。

2.3.1　材料体系设计

复合材料设计的首要步骤是选择复合材料的增强体和基体,并根据复合体系初步确定增强体在复合材料中的体积分数。在选择增强体时,作为设计依据的原始数据包括对复合材料性能的一般性要求和特殊要求。一般性要求有强度、模量、密度、化学稳定性、形状和尺寸、生产加工性、成本、经济性、性能再现性或一致性、对损伤及磨损的抵抗与耐受能力、与基体材料的黏接性等;特殊要求有热性能(热导率、热膨胀系数)、高温性能(抗氧化性、再结晶、老化性能)等。在选择基体时,作为设计依据的原始数据的一般要求有对增强体的包容、充填变形性、基体本身的固结性、断裂韧性、耐腐蚀性、抗疲劳性、强度等;特殊要求有高温抗氧化性和抗蠕变能力、焊接性、二次加工(锻、轧、挤、切削)性等。选材的目的是根据复合材料中各组分的职能和所需承担的载荷及载荷分布情况,再根据所了解的在具体使用条件下要求复合材料提供的各种性能,来确定复合材料体系。在几种复合材料体系的候选方案中,经定性和定量比较进行筛选[19]。

1. 透波陶瓷纤维

透波陶瓷纤维必须具备低的介电常数及介电损耗,优异的高温力学性能和抗氧化性能等。其中,纤维的耐高温性能决定了复合材料的使用温度,是目前制约高温透波复合材料发展的关键因素之一。目前,常用的透波陶瓷纤维有氧化物纤维和氮化物纤维两种,前者包括石英纤维和氧化铝纤维等,后者则包含氮化硼纤维、氮化硅纤维和硅硼氮纤维等。

　　石英纤维和氧化铝纤维是目前最常用的两种氧化物透波陶瓷纤维,表 2.1 列出了部分氧化物透波陶瓷纤维的基本性能。石英纤维是一种玻璃态材料,具有非常优异的介电性能,可实现宽频透波,且具有较好的耐高温性能,是近年来国内外高马赫数导弹天线罩材料的主要增强纤维。国内目前仅湖北菲力华石英玻璃股份有限公司生产的石英纤维性能较为优异,但与西方国家的一些公司(如 Saint - Gobain 公司)生产的纤维相比,仍存在一定差距。石英纤维的析晶现象是限制其高温使用的主要因素。虽然石英纤维的软化点温度在 1 700℃左右,但在 1 150℃以上热处理时会发生明显的析晶现象,发生玻璃相向方石英相的转变,导致纤维强度的急剧下降[20]。为提高石英纤维的耐高温性能,通常可通过掺杂氧化铝、氧化钛和氧化锆等来提高石英纤维内部网络结构的稳定性,增大网络结构的高温黏度,从而阻止或延迟纤维的析晶[7]。

表 2.1　部分典型氧化物透波陶瓷纤维的基本性能[21-24]

纤维品牌	质量分数 /%	密度 /(g/cm³)	直径 /μm	拉伸强度 /GPa	杨氏模量 /GPa	介电常数
Saint - Gobain Quartz	SiO_2 : 99.99	2.2	5~8	3.6	78	3.74
Feilihua Silica	SiO_2 : 99.9	2.2	5.10	1.7~1.9	70	3.78
DuPand FP	Al_2O_3 : 100	3.9	20	1.4	380~400	—
DuPand PRT - 166	Al_2O_3 : 80 ZrO_2 : 20	4.2	19	2.1	380	—
3MNextel 610	Al_2O_3 : 99 F_2O_3 : 0.7 SiO_2 : 0.3	3.9	10~12	2.8~3.5	380	9
3MNextel 720	Al_2O_3 : 85 SiO_2 : 15	3.4	12	2.1	260	5.8

　　氧化铝纤维大多为多晶纤维,以 Al_2O_3 为主成分,拉伸强度可达到 3.5 GPa,主要包括 α - Al_2O_3 纤维、莫来石纤维和硅酸铝纤维,具有高强度、耐高温和抗蠕变等优点。其中,纯氧化铝纤维线膨胀系数大,介电常数高,且耐烧蚀性能差,一般不适宜用作透波复合材料的增强体。硅酸铝纤维和莫来石纤维中含有一定量的 SiO_2,故介电常数明显下降。例如,3M 公司的 Nextel 720 纤维由莫来石和氧

化铝组成,介电常数为 5.8,高温强度优于石英纤维,在 1 400℃热处理 100 h 后仍有 1.5 GPa 的拉伸强度,将其与低介电常数的基体结合,有望用于耐高温透波复合材料领域[25]。

氮化物纤维是近年来发展起来的一类高温透波纤维,具有介电性能优良、耐烧蚀和抗氧化等优点,包括 BN 纤维、Si_3N_4 纤维及其衍生纤维。表 2.2 列出了部分典型的氮化物纤维的基本性能。

表 2.2　部分典型氮化物纤维的基本性能[26,27]

纤维种类	生　产　者	密度 /(g/cm³)	直径 /μm	拉伸强度 /GPa	杨氏模量 /GPa
BN	J. Economy	1.80	5~11	0.7~1.4	70
	Tonen Corporation	1.6~1.8	4~6	0.6~1.0	80~100
	S. Bernard	1.85	10~11	2.0	440
	国防科技大学	1.92	13	0.6	30
Si_3N_4 (SiNO)	Dow corning corporation	2.32	10~15	3.1	260
	Toa Nenryo, Kogyo K.K. Corporation	2.39	10	2.5	300
	Tohoku University	2.30	11~13	1.8	139
	国防科技大学	1.0~1.2	10~12	1.2	70
SiBN	O. Funayama	2.4	10~15	2.5	180
	Tonen Corporation	—	10	3.2	400
	国防科技大学	3.68	12	1.8	200

BN 纤维具有耐高温、高温力学性能优异、耐腐蚀和可透红外波与微波等特性,是一种理想的高温透波纤维[28]。BN 纤维在 2 500℃以下的惰性气氛中能保持结构稳定,不发生分解或升华,且在 1 400℃以上纤维的拉伸强度反而高于室温。但目前 BN 纤维的最高拉伸强度仅为 1.4 GPa 左右,而且在空气中,900℃以上会发生剧烈氧化是限制其应用的主要问题。

Si_3N_4 纤维不但具有优异的高温力学性能,而且抗氧化、热膨胀系数低、介电性能适中,是一种重要的氮化物透波纤维[29,30]。目前,较为成熟的连续 Si_3N_4 纤维的制备方法是先驱体转化法,世界上只有中国、日本、美国等少数几个国家成功制备了连续 Si_3N_4 透波纤维。

硅硼氮(SiBN)纤维兼具 Si_3N_4 纤维和 BN 纤维的优点,具有高温抗氧化、高温强度和模量保持率高、高温透波及耐烧蚀等优异性能,是超高速、中远程导弹天线罩的理想增强材料[31,32]。然而,SiBN 纤维的研究尚处在实验室阶段,还未见连续纤维产品的报道。

2. 透波陶瓷基体

陶瓷材料由于具有优异的高温性能而成为高温透波领域的主要候选材料。考虑到透波材料对介电性能的特殊要求,即低介电常数、低损耗等,可作为候选的材料屈指可数。目前,陶瓷透波材料主要包括 Si 和 Al 的氧化物、氮化物和氮化硼,以及由上述物质组成的复相陶瓷等。

1)氧化物透波陶瓷

微晶玻璃的特点是通过控制玻璃的晶化过程形成大量微小晶体,晶体尺寸为 $0.1 \sim 1~\mu m$,最终材料由晶体相和玻璃相共同组成,性能兼具多晶陶瓷和玻璃的特性。微晶玻璃于 20 世纪 50 年代中期开发成功后,广泛替代了弹性模量偏高和热膨胀系数偏高的氧化铝陶瓷,成功应用于马赫数 3~4 的导弹天线罩[33]。

20 世纪 50 年代后期,美国佐治亚理工学院首先开发出熔融石英陶瓷材料(slip-cast fused silica,SCFS),简称石英陶瓷。石英陶瓷在继承石英玻璃低热膨胀系数、低介电常数和低损耗角正切的同时,适当降低了弹性模量,从而显著提高了抗热震性能。尤为难得的是,石英陶瓷的介电常数和损耗角正切在宽频段和宽温域内十分稳定,从室温至 1 300℃均未出现明显的上升,同时,石英陶瓷高温熔化后黏度特别大,不易被气流冲刷流失,是高超声速导弹天线罩的重要材料[34,35]。随着石英陶瓷制造水平的逐渐提高,石英陶瓷已被应用于"爱国者"和"潘兴Ⅱ"等众多型号导弹。石英陶瓷的不足之处在于,强度不高(弯曲强度为 40~70 MPa),脆性大(断裂韧性约 1.0 MPa·m$^{1/2}$),对加工引起的裂纹很敏感,而且易吸潮,不利于介电性能,从而限制了其在更高马赫数导弹天线罩上的应用[36]。

2)氮化物透波陶瓷

Si$_3$N$_4$陶瓷作为综合性能最好的结构陶瓷之一,不仅高温力学性能优异,而且具有优良的介电性能和抗雨蚀性能,可满足马赫数 6 以上的飞行环境对天线罩的透波和承载性能的需求,称为最有希望的高温透波材料[37]。但介电常数偏高是致密氮化硅陶瓷的一个不足之处,这将导致天线罩壁厚容差小,给罩体加工带来很大困难。制备以 β-Si$_3$N$_4$棒状晶为主晶相的多孔氮化硅陶瓷及其夹层结构材料,可以在保持较高力学性能的同时,有效降低材料的介电常数,改善介电性能。

六方氮化硼陶瓷具有比氮化硅陶瓷更好的热稳定性,且在高温下不发生分解,只在 3 000℃以上升华。其中,各向同性热解氮化硼和热压氮化硼均具有很低的介电常数和损耗角正切,并能在很宽的温度范围内保持电性能的稳定[38,39],是超高温陶瓷天线罩的首选材料。然而,氮化硼陶瓷强度和模量偏低[40]、热导率高且可塑性较差,难以制成较大形状的构件,因此在天线罩上尚未得到真正应用,但对于马赫数 8 以上的天线窗是一种较好的介电防热材料[30]。同时,氮化硼也是重要的增强相,可用于提高复相陶瓷的抗热震性能和耐烧蚀性能。

2.3.2　复合材料结构设计

编织结构对连续纤维增强复合材料性能有着重要的影响,主要表现在以下方面:编织结构决定了纤维的体积分数及纤维在各个方向的分布、编织体内孔隙的大小分布、纤维在外力作用下的变形能力等。初期纤维铺设方法采用的是长丝缠绕,或者通过浸渍基体原料配置的泥浆或黏接剂制成纤维平行排列的单向无纬布,再根据制品形状裁剪,并按方向要求铺排于模具中压成坯件,然后烧结成为复合材料制品。这类方法的优点在于,纤维能够基本保持准直状态,能够较为充分地发挥纤维轴向的性能,但其存在明显缺点:复合材料层间结合强度较低,抗冲击性能差,使用过程中容易发生分层破坏和层间开裂。

为了克服上述缺点,陶瓷基复合材料借鉴和发展了纺织技术。在与基体原料混合之前,将连续纤维编织成三维编织体,或者先制备出二维织物(布、带、管),再将二维织物叠层穿刺,制成三维增强体。纤维编织可以很好地实现复合材料方向的可设计性,避免存在某一方向力学性能过弱的弊端。但由于增加了编织工序,纤维在编织过程中会受到一定程度的机械损伤,同时纤维与纤维之间交错弯曲,纤维轴向性能将无法得到充分的发挥。

复合材料增强纤维的编织,借鉴了历史悠久的纺织工艺技术与科学研究成果,在日用布料和工业用织物纺织技术的基础上,增加了特有的三维立体和多向纺织技术。纺织包括纺纱和织造两个过程,织造分为二维和三维两大类。在二维织造过程中,纱线基本处于同一平面或曲面内,而法向方向尺寸相对较小;在三维织造时,则在三维空间中均有纤维布置,形成块状编织体。在这两类织造中,按照纱线编织过程,从工艺上分为编织(机织,weave)、针织(knit)、辫织(braid)和穿刺(缝纫,puncture、stitch)4 类。复合材料增强纤维织造技术分类如图 2.13 所示。

2.3.3　透波结构的力热性能优化

在确定材料体系、增强织物结构之后,可获得复合材料的综合力学性能。以此为输入条件,可采用有限元分析的方法,对天线罩构件的受力、变形及传热等情况进行模拟分析。

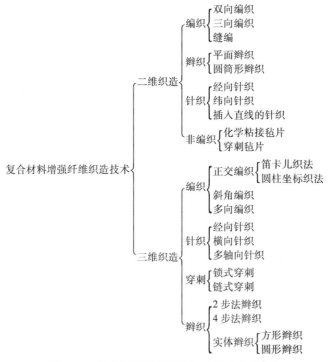

图 2.13　复合材料增强纤维织造技术分类[41]

　　模拟计算一般分为三部分。首先,根据空气动力学仿真的结果,获得气动载荷的相关情况,计算天线罩在常温加载时的情况,分析此时罩体的应力和应变;其次,根据热载荷的情况,计算罩体受热的情况,分析传热及温度分布;最后,计算力、热载荷的耦合效应。

　　在计算时,通常根据电性能设计的结果,初步选择合适的阶数,进行相关的输入,在考虑设计余量和安全系数的前提下,对比罩体应力与材料性能的差距,从而优化罩壁厚度的设计。

　　一般地,除了力学的设计问题,还需要考虑防隔热的问题。某些飞行器由于工作温度高,工作时间长,为保护导引头正常工作,必须在天线罩内增加一个隔热层。该隔热层除了具备良好的隔热效果,还必须具有良好的透波性能。目前,常用的天线罩内隔热材料多为气凝胶隔热材料。

2.4　天线罩连接方案设计

　　天线罩作为飞行器或者弹体的一个重要结构件,必须与后部的舱段进行连接才可使用。一般地,天线罩所用的高温透波材料为陶瓷或者陶瓷基复合材料,而连接环或者后部舱段多为金属。如何克服两者之间的物理性质差异,实现安全、可靠的连接,是值得研究的问题。

2.4.1　常用连接方案概述

常用的天线罩连接方案主要包括内套接方案和外套接方案两类。

（1）内套接方案

此方案是将带有销钉孔的连接环外侧涂抹有机胶后,直接套入天线罩内孔,然后向天线罩内侧打孔,把销钉嵌入连接环和天线罩内部。通常,采用此种连接方式的天线罩受热时间较短,天线罩内侧温度低,因此有机胶的耐热没有问题,一般不存在金属与天线罩之间的热膨胀匹配问题。

（2）外套接方案

此方案是在天线罩的端部约数十毫米处加工出一个台阶,以供与外侧连接环配合,连接环内侧涂抹耐高温胶后,直接将天线罩端部插入连接环内孔,连接环与天线罩的小台阶配合成平整的整体。随着飞行马赫数的提高,某些连接环外侧需涂覆热障涂层。

2.4.2　连接设计难点分析

（1）热不匹配问题

陶瓷透波复合材料的热膨胀系数一般为 $(1\sim1.5)\times10^{-6}/K$,而弹体所用材料通常为金属,如钛合金的热膨胀系数为 $(8\sim11)\times10^{-6}/K$,两者相差较大。假设天线罩的周长为 1 500 mm,在 600℃高温罩体下,透波复合材料和金属连接环膨胀量分别为 1~1.4 mm 和 7.2~9.9 mm。因此,该连接处存在严重的热膨胀不匹配问题,如果解决不当,势必会造成罩体结构的破坏。通常,当采用内套接的方案进行连接时,选择连接环进行连接,连接环一般采用低膨胀合金——铟瓦合金,以减小热失配带来的影响。

（2）高温黏接剂问题

有机黏接剂的黏接强度较高,但是一般当温度超过 400℃时,会出现严重的失效问题,故不适用于高温透波天线罩。无机黏接剂的种类包括碱金属硅酸盐、磷酸盐、硅铝酸盐等胶凝材料,二氧化硅溶胶,金属醇盐等,这些无机黏接剂的耐温性能都能达到要求,但是除磷酸盐外,其他黏接剂的常温剪切强度通常低于 1 MPa,无法满足力学性能要求,并且还要求不对天线罩产生污染。磷酸盐黏胶剂体系具有较高的剪切强度,常温可以达到 15 MPa,而且固化温度低,甚至可以常温固化,耐热性能优异,最高使用温度可以达到 1 700℃。此外,其还具有良好的介电性能,施工过程中不会对天线罩产生污染。

参 考 文 献

[1] Kumar A, Sharma S, Singh G. Measurement of dielectric constant and loss factor of the dielectric material at microwave frequencies. Progress in Electromagnetics Research, 2007, 69: 47 – 54.

[2] Paquette D G. Method of making a radar transparent window material operable above 2000℃: US, 5627542, 1997.

[3] 卞荫贵,徐立功.气动热力学.合肥: 中国科学技术大学出版社,1997.

[4] 韩桂芳,陈照峰.高温透波材料研究进展.航空材料学报,2003,23(1): 57 – 62.

[5] 张大海,李仲平,范锦鹏.热透波材料技术研究进展.中国材料进展,2012,31(8): 1 – 6.

[6] Dong Y L, Wang W M. Progress of investigation on thermal shock resistance of ceramic materials. Advanced Ceramics, 2004, 46(13): 949 – 950.

[7] 李仲平.热透波机理与热透波材料.北京: 中国宇航出版社,2013.

[8] 黎义,李建保,张大海,等.航天透波多功能复合材料的介电性能分析.宇航材料工艺, 2001,31(6): 4 – 9.

[9] 杜耀惟.天线罩电信设计方法.北京: 国防工业出版社,1993.

[10] 刘晓春.雷达天线罩电性能设计技术.北京: 航空工业出版社,2017.

[11] 齐共金,张长瑞,王思青,等.高超声速导弹天线罩关键技术.导弹与航天运载技术,2005, (1): 30 – 34.

[12] 彭望泽.防空导弹天线罩.北京: 宇航工业出版社,1993.

[13] 张煜东,苏勋家,侯根良.高温透波材料研究现状和展望.飞航导弹,2006,(3): 56 – 58.

[14] Suzdal'tsev E I. Radio-transparent ceramics: Yesterday, today, tomorrow. Refractories and Industrial Ceramics, 2015, 55(5): 377 – 390.

[15] Walton J D. Reaction sintered silicon nitride for high temperature radome application. American Ceramic Society Bulletin. 1974, 53(3): 255 – 258.

[16] Gilreath M C, Castellow S L. High temperature dielectric properties of candidate space-shuttle thermal protection system and antenna-window materials. NASA TND – 7523, Washington: NASA, 1974, 1 – 53.

[17] Walton J D. Radome engineering handbook. New York: Marcel Dekker, Inc., 1970.

[18] 刘建杰.雷达型空空导弹陶瓷天线罩结构设计与失效分析.南京: 南京航空航天大学硕士学位论文,2004.

[19] 郝元恺,肖加余.高性能复合材料学.北京: 化学工业出版社,2003.

[20] 邢建申,王树彬,张跃.石英纤维析晶行为.复合材料学报,2006,23(6): 75 – 79.

[21] 3M Nextel™ ceramic textiles technical notebook. 3M Center, 2004.

[22] Schneider H, Komarneni S. Mullite. Weinheim：WILEY − VCH Verlag GmbH and Co. KGaA, 2005.

[23] Schawaller D, Clauß B, Buchmeiser M R. Ceramic filament fibers-A review. Macromolecular Materials and Engineering, 2012, 297(6)：502 − 522.

[24] Kaya C, Butler E G, Selcuk A, et al. Mullite (Nextel 720) fiber-reinforced mullite matrix composites exhibiting favourable thermomechanical properties. Journal of the European Ceramic Society, 2002, 22(13)：2333 − 2342.

[25] Kriven W M, Pask J A. Solid solution range and microstructures of melt-grown mullite. Journal of the American Ceramic Society, 2006, 66(9)：649 − 654.

[26] 邹春荣,张长瑞,肖永栋,等.高性能透波陶瓷纤维的研究现状和展望.硅酸盐通报,2013, 2：274 − 279.

[27] Aoki H, Suzuki T, Katahata T, et al. Amorphous silicon nitride-based fibers composite material reinforced with the fibers and processes for production thereof：European, EP0332374A1, 1989.

[28] 向阳春,陈朝辉,曾竟成.氮化硼陶瓷纤维的合成研究进展.材料导报,1998,12(2)： 66 − 69.

[29] Yoshida M, Yokoyama K. Silicon nitride sintered body and process for preparation thereof： US, 4892848, 1990.

[30] 徐鹏,杨建,丘泰.高导热氮化硅陶瓷制备的研究进展.硅酸盐通报,2010,29(2)：384 − 389.

[31] 袁佳,韩克清,赵曦,等.SiBN(C)陶瓷纤维先驱体的表征及熔融纺丝.合成纤维工业, 2011,34(3)：1 − 4.

[32] Bernard S, Weinmann M, Gerstel P. Boron-modified polysilazane as a novel single-source precursor for SiBCN ceramic fibers：Synthesis, melt-spinning, curing and ceramic conversion. Journal of Materials Chemistry, 2005, 15(2)：289 − 299.

[33] 宋银锁.高速战术导弹天线罩材料综述.航空兵器,2003,(1)：42 − 44.

[34] Neil J T, Bowen L J, Michaud B E. Fused silica radome：US, 4949095, 1990.

[35] Place T M, Bridges D W. Fused quartz reinforced silica composites. Proceedings of the 10th symposium on electromagnetic windows, Atlanta, GA, 1970.

[36] 张伟儒,王重海,刘建,等.高性能透波 Si_3N_4 − BN 基陶瓷复合材料的研究.硅酸盐通报, 2003,22,(3)：3 − 6.

[37] Clark W H. Millimeter wave seeker technology. China Lake, CA, Naval Air Warfare Center, 1999.

[38] 顾立德.氮化硼陶瓷.北京：中国建筑工业出版社,1982.

[39] 张雯,王红洁,金志浩.先驱体热解制备 BN 复合陶瓷材料研究进展.兵器材料科学与工程,2004,27(5)：58 − 63.

[40] Ooi N, Rajan V, Gottlieb J, et al. Structural properties of hexagonal boron nitride. Modelling and Simulation in Materials Science and Engineering, 2006, 14(3)：515 − 535.

[41] 张长瑞,郝元恺.陶瓷基复合材料——原理、工艺、性能与设计.长沙：国防科技大学出版社,2001.

第3章 氮化物透波陶瓷先驱体合成及陶瓷化过程

在有机先驱体裂解转化制备陶瓷材料的工艺中,陶瓷先驱体的合成是基础,也是极为关键的环节。先驱体的交联特性往往决定了成型工艺的可操作性,先驱体裂解过程中的变化又直接影响着最终材料的结构与性能,因此合成合适的陶瓷先驱体,并对其交联与裂解过程进行研究非常重要。

先驱体转化工艺往往以有机化合物为先驱体,通过化学反应或交联热解获得最终的陶瓷材料。有机先驱体具有可设计性,通过对其组成、结构进行设计和优化,可实现对最终陶瓷基复合材料组成、结构与性能的设计及控制。因此,选取工艺性能良好的先驱体是制备高性能透波复合材料的基础和关键。

针对氮化物透波复合材料的工艺和性能特点,相关先驱体的设计应遵循下列原则[1]。

(1)先驱体为液体或可溶(熔),同时具有较低的黏度,以便于浸渍纤维织物。

(2)先驱体成分近似于最终的陶瓷组成,除氢外,先驱体和陶瓷产物不含影响透波性能的杂质元素,尤其是碳元素,或是在陶瓷化过程中杂质元素可被完全去除。

(3)先驱体需含有活性基团,在裂解之前能进行交联固化处理,以提高陶瓷产率。单从保持材料完整性的角度考虑,活性基团的交联反应以加聚反应为佳。

(4)先驱体的陶瓷化过程中体积收缩小、逸出气体少、陶瓷产率高,以减少浸渍—裂解循环次数,从而最大限度地降低裂解工艺对纤维的热损伤,提高材料的致密度和综合性能,同时在一定程度上降低材料的成本。

(5)先驱体长期放置时不发生分解或交联变性,且陶瓷产物具有稳定的结构和组成。

(6)先驱体合成路线简单、易操作、原料来源方便,以及价格低廉等。

此前,国内并没有商品化且通过裂解可得到 BN、Si_3N_4 以及 Si - B - N 的无碳陶瓷先驱体。因此,本章从分子设计的角度出发,设计其分子结构及合成路线,研究其合成过程,并对合成产物的结构、性质及交联特性和裂解特性进行研究。

3.1　BN 先驱体

根据 BN 陶瓷产物中的硼元素、氮元素是否源于同一种先驱体化合物,可以将先驱体分为单组元先驱体、双组元先驱体两大类。双组元先驱体由含有硼元素的化合物(硼源)和含有氮元素的化合物(氮源)共同组成,硼源化合物主要有 $BX_3(X=F/Cl/Br)$、B_2H_6、$B(OCH_3)_3$、$B(OC_2H_5)_3$ 等,常用的氮源为 NH_3。双组元先驱体主要用于 CVD 法制备氮化硼材料。单组元先驱体主要有氨基硼烷及其聚合物、三氯硼吖嗪及其聚合物和硼吖嗪及其聚合物。

对于透波材料,理想的氮化硼先驱体应该含有与氮化硼同化学计量比的硼、氮元素,不含碳元素,易于交联固化,具有较高的陶瓷产率,获得的氮化硼陶瓷具有高的纯度和优良的性能。

硼吖嗪,又称为环硼氮烷,是苯的等电子体,其结构与苯相似,因此还称为"无机苯"。硼吖嗪同时含有硼、氮元素,且 B/N 原子比为 1/1,此外,还含有氢元素。裂解过程中主要失去氢元素,形成氮化硼陶瓷。而且,硼氮六元环作为 h-BN 的基本结构单元,其本身就已经在硼吖嗪的分子结构中存在。硼吖嗪分子中的 B—H 键和 N—H 键非常容易脱氢交联,无须催化剂或引发剂,仅在 70℃的热作用下就可以发生交联反应,从而使得硼吖嗪非常适于 PIP 法制备氮化硼陶瓷基复合材料的先驱体[2]。

3.1.1　硼吖嗪的合成

早在 1926 年,Stock 和 Pohland[3]首次发现了硼吖嗪,但是真正可行的硼吖嗪合成方法并不多。目前,硼吖嗪的合成方法主要有乙硼烷和氨气直接反应法[3]、三氯硼吖嗪(trichloroborazine,TCB)还原法[4,5]、氨硼烷类复合物热解法[6]、硼氢化物和铵盐固相反应法[7]、硼氢化物和铵盐液相反应法[8]。其中,乙硼烷和氨气直接反应法中所用的反应物乙硼烷是高危险性的气态化合物,有剧毒、反应装置复杂、操作困难;TCB 还原法合成硼吖嗪的产率不高,且需要首先合成 TCB,然后将 TCB 还原,步骤多、合成路线长、操作复杂;氨硼烷类复合物热解法的原材料氨硼烷不是常见的化工原料,合成技术不成熟,没有实现工业化生产,本身就不易得;与上述的其他合成方法相比,硼氢化物和铵盐反应(固-液反应)法使用的原料相对廉价、易得,操作安全性高,反应条件温和,合成产物容易分离,产物纯度高,对合成装置要求低,使用实验室的常用设备即可进行,而且操作简单,也便于工艺放大用于工业化的大规模合成,加之合成路线简单,一步反应即能得到硼吖嗪,因此此法是最有发展前景的硼吖嗪合成方法。

1. 硼吖嗪的硼氢化物和铵盐反应法

金属硼氢化合物(如硼氢化钠、硼氢化钾和硼氢化锂等)和铵盐(氯化铵、硫酸铵等)反应合成硼吖嗪,反应方程式如下:

$$3NaBH_4 + 3NH_4Cl \longrightarrow B_3N_3H_6 + 3NaCl + 9H_2 \uparrow \tag{3.1}$$

$$3KBH_4 + 3NH_4Cl \longrightarrow B_3N_3H_6 + 3KCl + 9H_2 \uparrow \tag{3.2}$$

$$3LiBH_4 + 3NH_4Cl \longrightarrow B_3N_3H_6 + 3LiCl + 9H_2 \uparrow \tag{3.3}$$

$$6NaBH_4 + 3(NH_4)_2SO_4 \longrightarrow 2B_3N_3H_6 + 3Na_2SO_4 + 18H_2 \uparrow \tag{3.4}$$

$$6LiBH_4 + 3(NH_4)_2SO_4 \longrightarrow 2B_3N_3H_6 + 3Li_2SO_4 + 18H_2 \uparrow \tag{3.5}$$

$$6KBH_4 + 3(NH_4)_2SO_4 \longrightarrow 2B_3N_3H_6 + 3K_2SO_4 + 18H_2 \uparrow \tag{3.6}$$

反应介质可以是液体,如多元醚类,也可以通过固-固之间的反应来实现[7,8],但后者容易生成副产物。

分别采用$(NH_4)_2SO_4$、NH_4Cl、$(NH_4)HSO_4$、$(NH_4)_2HPO_4$和硼氢化钠反应合成硼吖嗪,溶剂均采用醚类。典型的反应过程如下[9]:将 30.7 g(0.81 mol)$NaBH_4$、82.3 g(0.62 mol)$(NH_4)_2SO_4$、350 ml 溶剂放入容器为 2 L 的三口烧瓶,配有温度计和回流冷凝管。回流冷凝管出口连接到标准的真空线(四个液氮冷井)。反应混合物在 1 h 内升温到 135℃,并维持 1 h(真空 2~5 mmHg)。液氮中的产品再进一步纯化,通过−45℃、−78℃、−196℃的冷井系列,在−78℃冷井中收集到 13.1 g(0.16 mol,产率 32%)产物。蒸气压为 85 mmHg(0℃)。反应结束后,溶剂中进行核磁共振(NMR)测试,并未发现含 B 的物种残留在溶剂中。在其他的反应中,这些反应混合物重新进行反应得到的产率稍有提高。

若采用$(NH_4)HSO_4$、NH_4Cl、$(NH_4)_2HPO_4$取代$(NH_4)_2SO_4$,最后也均可合成硼吖嗪。

采用三种金属硼氢化合物(硼氢化钠、硼氢化钾和硼氢化锂)和两种铵盐(氯化铵、硫酸铵)反应合成 BN 陶瓷先驱体硼吖嗪,该反应可以是固-液反应,也可以通过固-固之间的反应来实现。硼吖嗪的沸点较低且容易发生水解,生成NH_3和B_2O_3,因此收集和提纯是合成中的难点之一。可采用超低温技术接收反应产生的硼吖嗪,并控制凝固硼吖嗪的温度,使固态硼吖嗪缓慢挥发后再进入液氮冷却系统,从而达到提纯的目的。

　　通过跟踪反应过程中形成的主要产物、副产物及中间物,对硼氢化钠和硫酸铵在醚类溶剂中的反应机理进行研究,总结如下[9]:首先,反应生成 $H_3B \cdot NH_3$。当温度较低时,$H_3B \cdot NH_3$ 为主要产物;当反应温度高于 60℃时,$H_3B \cdot NH_3$ 热解为中间物 $H_2B=NH_2$ 以及少量的 $\mu-B_2H_5(NH_2)$、B_2H_6 等;$H_2B=NH_2$ 极为活泼,一部分通过加成反应变为 $B_3N_3H_{12}$(cyclotriborazane,CTB)和聚氨基硼烷(polyaminoborane,PAB);另一部分被抽至低温分离器中并冷凝,$H_2B=NH_2$ 聚合形成难挥发的 PAB,CTB 热解脱氢变为硼吖嗪;当反应温度较高时,硼吖嗪交联严重,同时由 $H_2B=NH_2$ 聚合形成 PAB 的量也显著增加,硼吖嗪的产率则会降低。反应路径如图 3.1 所示。

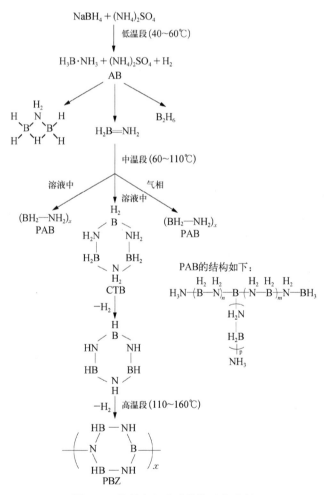

图 3.1　硼吖嗪合成过程的反应路径

　　另外,为降低合成成本,开创了一种硼吖嗪的无溶剂合成方法,即机械化学法,图 3.2 为硼吖嗪的机械化学法合成及收集设备原理图。机械化学是一门新兴的交叉学科,影响机械力化学反应的因素很多,包括粒径、比表面积、吸附性、溶解性、表面电性、晶体结构和位错等。超细粉碎过程中强烈的机械化学作用,引起粉体的晶体结构发生某种程度的变化,包括位错、变形、重结晶、缺陷,甚至形成非晶态物质等。在 180~350℃,将 NH_4Cl 和 $NaBH_4$ 以一定的质量比在振动磨中反应,添加适当的催化剂进行机械化学反应,采用 X 射线衍射(XRD)、元素分析、扫描电子显微镜(SEM)、透射电子显微镜(TEM)、X 射线光电子能谱(XPS)等手段研究反应后残余物的组成、晶体结构和表面能以及表面形貌等,以研究反应机理。试验发现,将 NH_4Cl 和 $NaBH_4$ 以质量比 37/80~37/60 混合,加入少量的催化剂铜粉或镍粉,在振动磨中反应 10 h 左右的产率达到 40% 左右。

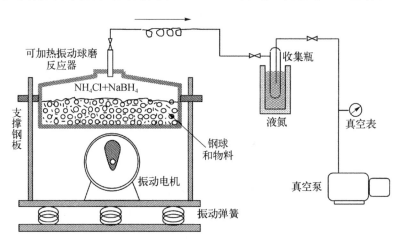

图 3.2　硼吖嗪的机械化学法合成及收集设备原理图

2. 硼吖嗪的高效催化合成

　　研究发现,金属硼氢化物中金属离子的电负性越高,其活泼性也越强;而且,低电负性金属的硼氢化物与高电负性金属的盐类在一定条件下可发生离子的置换,从而提供了一条生成高活性硼氢化物的捷径[9]。

　　在此前研究的基础上,重点进行了硼氢化钠和硫酸铵在 140℃ 的反应过程研究。该反应历时 6 h 完成。纯化之后仅得到产率为 32% 的硼吖嗪。另外,随着反应的进行,反应混合物黏度逐渐增大。这可能是由硼吖嗪的热交联所导致的(图 3.3(a))。图 3.3(b)是反应结束后反应混合物的 ^{11}B - NMR 谱图。

图 3.3(a) 中 30 ppm＊处的宽吸收峰是硼吖嗪的交联所致。反应混合物黏度的不断增加限制了硫酸铵粉末和硼氢化钠的有效接触，因此降低了反应速度，延长了反应时间，进一步加剧了硼吖嗪的交联。

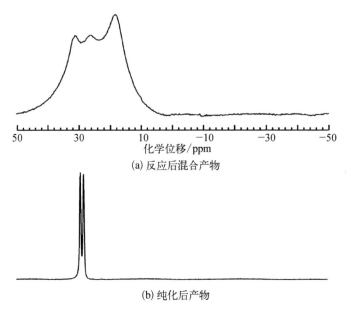

(a) 反应后混合产物

(b) 纯化后产物

图 3.3　$NaBH_4$ 和 $(NH_4)_2SO_4$ 在 140℃反应完成后混合产物的 $^{11}B-NMR$ 谱图和纯化后产物的 $^{11}B-NMR$ 谱图

　　因此，降低反应温度以避免硼吖嗪的交联成为研究的关键之一。在 45℃进行硼氢化钠和硫酸铵的反应，反应进行 40 h 后仍然在缓慢放气。这表明反应仍然未进行完全。图 3.4 是混合物反应 40 h 后的 ^{11}B 的核磁共振谱图。硼氢化钠的吸收峰完全消失，说明硼氢化钠已经被完全消耗。位于 -23.8 ppm（quartet, $J_{BH}=91$ Hz）和 -26.7 ppm 处的两个强吸收峰归属于硼烷氨络合物和 $(\mu-NH_2)B_2H_5$。位于 -11.9 ppm 处的弱吸收峰归属于 $[H_2B-NH_2]_3$，该化合物是形成硼吖嗪的中间物。这表明，硼氢化钠和硫酸铵在 45℃进行反应时，硼氨络合物是主要产物，而生成硼吖嗪的量很少。

　　研究发现，引入三氯化铝催化剂后，硼氢化钠和硫酸铵能在 45℃剧烈反应，反应历时 3 h 完成。纯化后得到了产率为 67% 的硼吖嗪，而无催化剂时，在 140℃反应只得到了产率为 32% 的硼吖嗪。采用 $^{11}B-NMR$ 和红外（fourier-transform

---

＊　ppm＝10^{-6}。

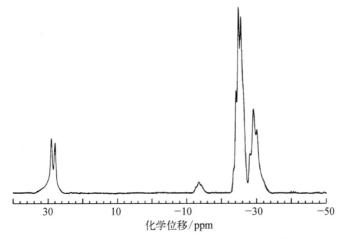

图 3.4 NaBH$_4$ 和 (NH$_4$)$_2$SO$_4$ 在 45℃反应 40 h 后混合产物 ^{11}B－NMR 谱图

infrared spectroscopy，FT－IR）光谱图研究反应过程。图 3.5 是反应混合物在 0 h、1 h、3 h 的 ^{11}B 的核磁共振谱图。位于-39.3 ppm 处的四重峰归属于硼氢化钠。随着反应的进行,硼氢化钠的吸收峰逐渐减弱。1 h 后看到了位于 30.2 ppm 处的硼吖嗪的二重峰,出现了位于-23.7 ppm 处的弱吸收峰。该吸收峰归属于硼氨络合物。该络合物是形成硼吖嗪的中间物。

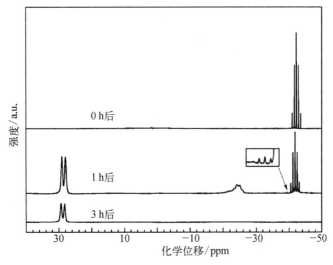

图 3.5 在 1%催化剂存在条件下 45℃反应混合物的 ^{11}B－NMR 谱图

特别值得注意的是,在-36.9 ppm 位置附近有一个弱吸收峰。通过与文献比对,可以推断该峰归属于硼氢化铝。基于硼氢化铝的发现,提出了三氯化铝催化硼氢化钠和硫酸铵反应的机理。金属硼氢化物的反应活性和还原性随着金属性的减弱而增强。例如,碱金属硼氢化物的还原性强弱顺序为 $LiBH_4 > NaBH_4 > KBH_4$。通过试验发现,$LiBH_4$ 和 $NaBH_4$ 可以与硫酸铵反应生成硼吖嗪,而 KBH_4 即使在 160℃ 的高温下也不与硫酸铵反应。硼氢化铝的反应活性和还原性远高于硼氢化钠。当引入三氯化铝时,它首先与硼氢化钠反应生成硼氢化铝。与硼氢化钠相比,硼氢化铝与硫酸铵的反应更容易,反应速度更快。因此,当引入三氯化铝后,在 45℃ 时反应仍然能剧烈进行。在 45℃ 时引入三氯化铝催化剂的反应能够快速完成,反应过程中,硼吖嗪没有交联,这可从反应混合物的 $^{11}B-NMR$ 谱图看出。反应结束后,反应残留物的 $^{11}B-NMR$ 谱图只有微弱的硼吖嗪的吸收峰。

同时,添加催化剂后,反应温度显著降低,有效防止了硼吖嗪的交联。反应结束后混合物的 $^{11}B-NMR$ 谱图显示,合成反应过程中硼吖嗪没有发生交联反应,且无明显的副反应发生,从而保证了较高的转化率。

3. 合成产物的表征

优化调整气化温度、载气种类和流量、分流比、升温制度等色谱试验参数,对合成产物进行了多次 GC-MS 分析,色谱图中均只有一个流出峰,说明合成产物硼吖嗪的纯度达到了色谱级的纯度。色谱试验条件如下:气化温度为 250℃,载气为高纯 Ar 气,流量为 30 ml/min,进样量为 0.05 μL,分流比为 100,色谱柱为 DB-5MS,色谱柱的升温制度为 50℃ 保温 2 min,20℃/min 升温至 200℃。合成产物的色谱峰留出时间为 3 min。色谱图及流出峰对应的质谱图如图 3.6 所示,与标准质谱图库中硼吖嗪的质谱图比对,吻合良好,匹配率高达 99.6%。

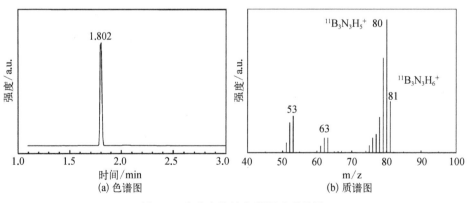

图 3.6　合成产物的色谱图及质谱图

GC‐MS 分析证明,合成产物为高纯的硼吖嗪。

采用傅里叶变换红外光谱仪对合成产物进行表征,如图 3.7 所示。

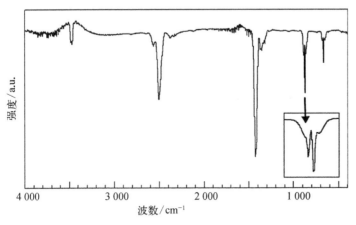

图 3.7　合成产物的 FT‐IR 光谱图

对合成产物的结构进行核磁共振分析,氢谱图如图 3.8 所示。N—H 键的氢共振吸收峰与 B—H 键的氢共振吸收峰的积分面积之比为 1∶1,说明 N—H 和 B—H 键上两类氢数目相等。

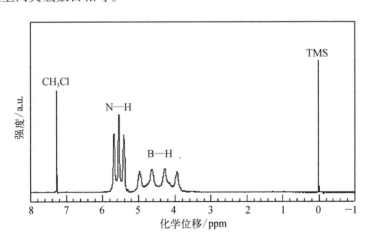

图 3.8　合成产物的 ^{1}H‐NMR 谱图

图 3.9 是合成产物的 ^{11}B‐NMR 谱图。只在化学位移 $\delta = -28.2$ ppm 处存在一个双重峰,对应 B 原子的化学环境为 B—N$_2$H,与硼吖嗪中硼原子的化学位移一致。

根据 FT‐IR 光谱图和 ^{1}H‐NMR 谱图、^{11}B‐NMR 谱图以及 GC‐MS 谱图的结果,可以断定合成产物为分子结构图 3.10 所示的硼吖嗪,且具有很

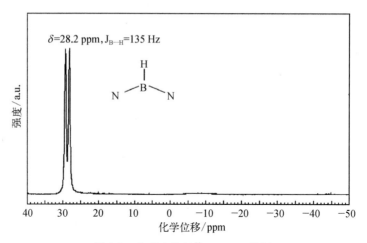

图 3.9　合成产物的^{11}B - NMR 谱图

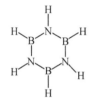

图 3.10　硼吖嗪的
分子结构

高的纯度。

　　在 PIP 工艺制备纤维增强复合材料时,液态先驱体能否润湿增强纤维是极其重要的指标。这是由于如果润湿不良,纤维/基体界面处会产生空隙弱化界面结合,同时,形成的空隙易使应力集中,从而降低复合材料的力学性能。此外,只有当液态先驱体能够润湿增强纤维时,才能克服纤维之间的毛细管压力,实现向纤维内部的有效浸渗。

　　一种液体能否润湿固体表面,一般用润湿角 θ 表示。液体滴在固体表面的铺展情况如图 3.11 所示。当系统达到平衡时,表面张力满足[1]:

$$\sigma_{sv} = \sigma_{sl} + \sigma_{lv} \cdot \cos \theta \qquad (3.7)$$

式中,θ 为润湿角;σ 为表面张力;下标 s、l、v 分别代表固体、液体、气体。当 $0° \leqslant \theta < 90°$,即 $\sigma_{sl} < \sigma_{sv} \leqslant \sigma_{sl} + \sigma_{lv}$ 时,液体能够润湿固体表面;当 $90° \leqslant \theta$,即 $\sigma_{sv} \leqslant \sigma_{sl}$ 时,液体不能润湿固体表面。

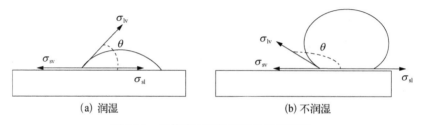

(a) 润湿　　　　　　　　　　(b) 不润湿

图 3.11　液体滴在固体表面的铺展情况

　　由于常用的复合材料增强纤维的直径一般较小(5~15 m)，直接观察液体滴在纤维表面的润湿角非常困难。另一种判断液体和固体润湿情况的可行办法是通过毛细管现象来判断，如图 3.12 所示。如果液体能够润湿毛细管壁，将毛细管插入液体后，将在毛细管内形成凸液面，液面高度升高 h，h 的计算公式如式(3.8)所示。

$$h = \frac{2\sigma\cos\theta}{\rho gR} \tag{3.8}$$

式中，h 为液面高度升高；σ 为表面张力；θ 为润湿角；ρ 为液体的密度；R 为毛细管半径；g 为重力加速度。相反，若液体不能润湿毛细管壁，毛细管中的液面为凹液面，液面高度则下降 h，h 的计算公式与式(3.8)相同。对于一束纤维，纤维之间的间隙很小(0.1~1 μm)，相当于毛细管。当液体能够润湿毛细管壁(即纤维)时，液面将在纤维束内上升；反之，液面将在纤维束内下降。

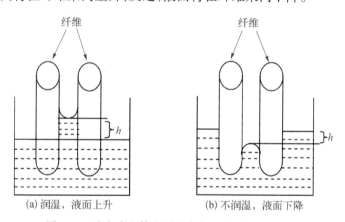

图 3.12　液态先驱体在纤维之间孔隙的毛细管现象

　　为考察合成产物硼吖嗪与常用的复合材料增强纤维的润湿情况，将石英纤维、碳纤维、碳化硅纤维束的一端浸入硼吖嗪液面，待达到平衡后，发现液面在三种纤维束内均上升，且上升高度 h 较大，均超过了 5 cm。由式(3.8)可知，液面上升高度 h 与润湿角 θ 成反比，说明合成产物硼吖嗪能够与石英纤维、碳纤维、碳化硅纤维较好地润湿。

　　液态先驱体能够润湿增强纤维，满足了先驱体对增强纤维浸渗的热力学要求，为了使液态先驱体能够快速浸渗，还需满足动力学的要求，即要求先驱体具有较低的黏度。Zisman 给出了液体浸渗量的经验式[1]：

$$Z^2 = \frac{K \cdot \sigma \cdot t \cdot R \cdot \cos\theta}{\eta} \tag{3.9}$$

式中,浸渗量 Z 与液体表面张力 σ、润湿角 θ、时间 t、纤维之间的孔隙直径 R 成正比,与液体的黏度 η 成反比。为此,研究了合成产物硼吖嗪的黏度特性。硼吖嗪在室温($15\sim25\,^{\circ}\text{C}$)下具有较低的黏度($0.37\ \text{mPa}\cdot\text{s}$),比水的黏度($0.89\ \text{mPa}\cdot\text{s}$,$25\,^{\circ}\text{C}$)还小,具有良好的浸渗动力学特征。

3.1.2　硼吖嗪的交联裂解过程

硼吖嗪在一定条件下可实现交联固化。如图 3.13 所示[9],硼吖嗪在受热的条件下,分子间会发生聚合。

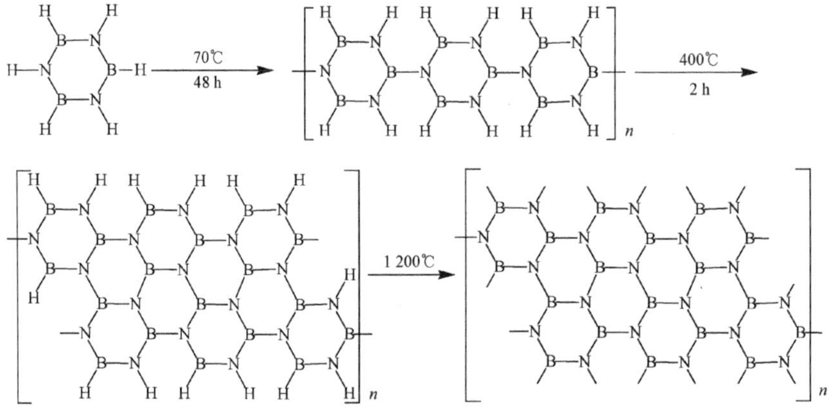

图 3.13　硼吖嗪交联及裂解过程中的结构变化

硼吖嗪的缩合反应是在密闭的压力反应器中进行的。随着聚合时间的不同,可以得到液态、黏稠状或固态的聚合物。

通过对硼吖嗪聚合物在不同温度下裂解产物的 FT-IR 光谱图(图 3.14)进行比较可以看出,随着裂解温度的升高,由于硼吖嗪聚合物进一步的脱氢热解和硼氮多元环的不断增加,N—H 键($3\,400\sim3\,450\ \text{cm}^{-1}$)和 B—H 键($2\,500\sim2\,510\ \text{cm}^{-1}$)的吸收峰强度逐渐减弱,甚至消失,同时 B—N 键($1\,390\sim1\,440\ \text{cm}^{-1}$)的吸收峰变宽。在 $800\,^{\circ}\text{C}$ 时,裂解产物中 B—H 键的吸收峰已基本消失。$800\,^{\circ}\text{C}$ 以后,裂解产物在低频区的红外吸收峰峰形和位置已无明显变化,吸收峰均为 B—N 键伸缩振动($1\,400\ \text{cm}^{-1}$左右)和 B—N 六元环($800\ \text{cm}^{-1}$附近)的特征吸收峰。

由此可见,裂解产物在 $400\sim800\,^{\circ}\text{C}$ 时结构变化较大,$800\,^{\circ}\text{C}$ 时陶瓷化程度已比较高。裂解失去 B 原子上的 H 原子主要发生在 $800\,^{\circ}\text{C}$ 以前,要完全脱去 N 原子上的 H 原子则需要较高的温度。

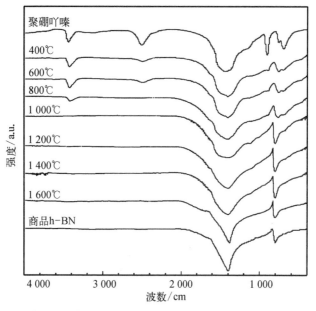

图 3.14 硼吖嗪聚合物在不同温度裂解产物的 FT－IR 光谱图

图 3.15 为硼吖嗪聚合物在 400℃、600℃、800℃、1 000℃、1 200℃ 和 1 400℃ 下裂解产物的拉曼光谱图。在聚硼吖嗪的拉曼光谱图中，可以看到归属于 B—H

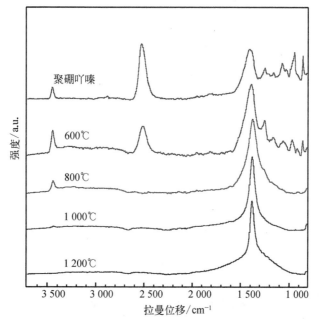

图 3.15 硼吖嗪聚合物在不同温度裂解产物的拉曼光谱图

键(2 520 cm^{-1})、N—H 键(3 440 cm^{-1})以及 B—N 键(1 396 cm^{-1})的拉曼位移峰。六方氮化硼的特征拉曼位移峰是由 E$_2$ 模式振动引起的[10],分别位于 51.8 cm^{-1} 和 1 366.2 cm^{-1} 处,两者分别对应硼氮六元环平面之间的偏移振动(E$_{2g1}$)和硼氮六元环平面内 B—N 键的伸缩振动(E$_{2g2}$),其中,E$_{2g1}$ 模式的振动(51.8 cm^{-1})只有在晶粒尺寸足够大时才出现,一般只出现 E$_{2g2}$ 模式的拉曼位移峰(1 366 cm^{-1})。聚硼吖嗪中已经出现了位于 1 396 cm^{-1} 处的拉曼位移峰,但强度较弱,由此可见,在聚硼吖嗪的分子结构中已经存在与氮化硼结构相似的硼氮六元环平面,此外,聚硼吖嗪中还含有 B—H 键和 N—H 键。

Nemanich 等[11]的研究表明,六方氮化硼的 E$_{2g2}$ 模式的拉曼位移峰的特征,包括半高宽(full width at half maximum,FWHM)和拉曼位移峰的频率,与其结晶程度及晶粒尺寸密切相关,存在如下关系式:

$$\Delta(\mathrm{cm}^{-1}) = \frac{38}{\mathrm{La(nm)}} - 0.29 \tag{3.10}$$

$$v_{\mathrm{E}_{2g2}}(\mathrm{cm}^{-1}) - 1\ 366(\mathrm{cm}^{-1}) = \frac{141.7}{\mathrm{La(nm)}} + 8.70 \tag{3.11}$$

式中,Δ 为 E$_{2g2}$ 拉曼位移峰(1 366 cm^{-1} 附近)的 FWHM;$v_{\mathrm{E}_{2g2}}$ 为 E$_{2g2}$ 拉曼位移峰的频率;La 为 h−BN 在[100]方向的晶粒尺寸。E$_{2g2}$ 拉曼位移峰的半高宽越小,频率越低,则氮化硼的结晶度越好,晶粒尺寸越小。

随着裂解温度的升高,B—H 键和 N—H 键的拉曼位移峰逐渐减弱,B—N 键的拉曼位移峰逐渐增强,与此同时,峰形逐渐变窄(FWHM 逐渐变小),且向低频方向移动,说明产物中的 B—H 键和 N—H 键的含量逐渐减小,结晶程度逐渐提高。当裂解温度为 800℃时,B—H 键完全消失;当裂解温度为 1 000℃时,N—H 键完全消失;同时位于 1 366 cm^{-1} 附近处的拉曼位移峰不断变窄变强,且向低频方向移动。这说明随着裂解温度的升高,裂解产物的结晶程度在不断提高。

硼吖嗪聚合物在 400~1 600℃裂解产物的 XRD 谱图如图 3.16 所示。聚硼吖嗪的 XRD 谱图中存在位于 26°附近的强度很低的“馒头”衍射峰包,对应于六方氮化硼的(002)晶面的衍射[12],说明聚硼吖嗪中的硼氮六元环平面已经有一定的平行取向趋势,这种结构有利于裂解得到六方氮化硼。400℃的裂解产物还出现了位于 42°附近的衍射峰包,是由于六方氮化硼的(100)晶面和(101)晶面衍射峰的叠加[12],记为(10)衍射。当温度低于 800℃时,产物的衍射峰均较弱且峰形较宽,说明产物仍为无定形态。随着裂解温度的升高,衍射峰逐渐变窄,强度逐渐增大,800~1 200℃的裂解产物出现了位于75°的衍射峰,对应于六方氮化硼的(110)晶面和(112)晶面衍射的叠加。可见,当裂解温度低于1 200℃时,裂解产物的结构有序度仍然不高,六方氮化硼(100)晶面和(101)晶面的衍射峰重叠,六方氮化硼(110)晶面和(112)晶面的衍射峰重叠,其结构仅在二维方向有序,在三维方向是无序的,这种结构称为乱层六方氮化硼[13],与乱层石墨的结构类似,硼氮六元环平面[(002)晶面]之间间距较大,且沿其法线方向随机转动取向,沿其平面方向随机位移,同时存在一定程度的扭曲弯曲。当裂解温度升至1 400℃时,六方氮化硼(100)晶面的衍射峰和六方氮化硼(101)晶面的衍射峰已经清晰可辨,六方氮化硼(110)晶面和(112)晶面的衍射峰也可以分辨,说明裂解产物的结构已经获得了三维方向的有序,变为六方氮化硼。当裂解温度进一步升至1 600℃时,裂解产物六方氮化硼的特征峰[26.6°(002),41.6°(100),43.8°(101),50.1°(102),55.1°(004),75.8°(110),82.2°(112)]均已十分明显[14],同时衍射峰强且尖锐,除六方氮化硼的衍射峰外,无其他衍射峰出现,说明1 600℃的裂解产物为结晶较好的六方氮化硼。这证明了硼吖嗪作为BN陶瓷的先驱体是完全可行的。

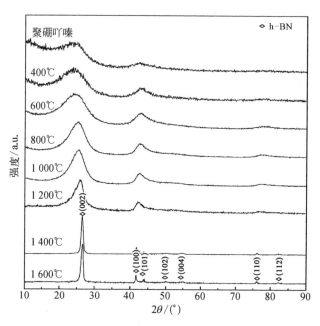

图 3.16　硼吖嗪聚合物在不同温度裂解产物的 XRD 谱图

分别对 800℃和 1 000℃的裂解产物进行 XPS 全谱扫描,结果如图 3.17 所示,可以看到非常明显的 B1s 和 N1s 的能谱峰。

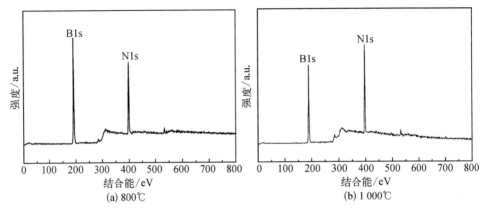

图 3.17　硼吖嗪聚合物在 800℃和 1 000℃裂解产物的 XPS 全谱扫描谱图

图 3.18 分别为 1 000℃、1 400℃及 1 600℃裂解产物的微观形貌。当裂解温度为 1 000℃时,产物的 SEM 照片显示其结构较为致密,同时存在少量的孔洞,这是由先驱体裂解过程中气体小分子逸出导致的,进一步放大,可见产物的微观形貌是由直径为 10~50 nm 的纳米球形颗粒组成的。当裂解温度升至 1 400℃时,产物中孔洞的数量增多、尺寸增大,放大图显示产物的微观形貌由纳米球形颗粒变为厚度约几十纳米的层片状结构。这是由于随着裂解温度升高,产物逐渐由无定形或乱层六方氮化硼转变为结晶状态的六方氮化硼,原子扩散、迁移、重排结晶,从而产物中孔洞的数量增多、尺寸增大。由于六方氮化硼是层状晶体结构,产物在结晶转变为六方氮化硼后,对应的微观形貌也发生了变化,由球形颗粒变为薄片层状结构。当裂解温度升至 1 600℃时,产物的整体形貌显得较为疏松,层片结构更加明显,薄片尺寸明显增大,进一步放大可以发现,每一片层颗粒较为致密,这是由于高温下原子的迁移扩散速率快,晶粒长大迅速。

通过以上分析可知,合成的硼吖嗪在聚合固化后,于惰性气氛中在 800℃以下基本完成陶瓷化过程,800℃裂解可得到无定形的 BN,在 1 600℃形成较为完整的 h-BN 结晶。其基本性能参数如表 3.1 所示。

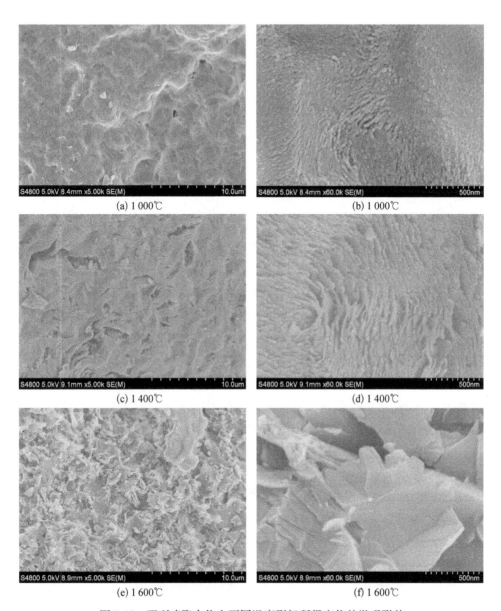

图 3.18　硼吖嗪聚合物在不同温度裂解所得产物的微观形貌

表 3.1　合成的氮化硼先驱体硼吖嗪的基本性能参数

项　　　目	指　　　标
密度/(g/cm^3)	0.85
黏度/(mPa·s)	0.7

项　目	指　标
热交联温度/℃	73~93
陶瓷产率/%	82
陶瓷化产物组成	h – BN
陶瓷化产物碳质量分数/ppm	46

3.2　Si₃N₄ 先驱体

通过引入 C═C、C≡C 和 Si—H 等活性基团,可以合成类型繁多的氮化硅陶瓷先驱体——聚硅氮烷[15],但是能够满足氮化硅透波材料制备要求的先驱体却少之又少。从分子设计的角度来讲,聚硅氮烷分子骨架的主链应为 Si—N—Si,主链中不能含有碳原子,侧链上含碳基团越少越好。此外,为了适应 PIP 工艺的要求,先驱体必须具有适宜的流变性能(可溶或可熔),稳定性好,先驱体含有一定的活性基团,以保证交联固化,并获得较高的裂解陶瓷产率。目前,仅有全氢聚硅氮烷可满足上述要求。

全氢聚硅氮烷(perhydropolysilazane, PHPS),其分子结构单元为[H₂SiNH]ₙ,它以 Si—N—Si 为骨架,侧链上不存在含碳基团,而是 Si—H 和 N—H 等活性基团,容易交联,在氨气中裂解时可得到近化学量比的氮化硅陶瓷[16]。

3.2.1　全氢聚硅氮烷的合成

20 世纪 80 年代初,美国麻省理工学院 Seyferth 等[17]和日本东燃公司 Arai 等[18]分别利用二氯硅烷氨解法合成可溶的液态 PHPS,并制备出高纯氮化硅陶瓷微粉和氮化硅纤维。尽管合成 PHPS 可采用不同的氯硅烷(H_nSiCl_{4-n}, $n=0$、1、2、3)进行氨解[19,20],但是从合成产物的稳定性、工艺性和可操作性来看,只有 H_2SiCl_2 氨解最为理想。即便如此,H_2SiCl_2 是一种易燃、易爆的危险化学品,对水、氧均十分敏感,且氨解时副产物极易堵塞管路,因此合成 PHPS 仍有很大的技术难度。

经过优化设计[21],采用 H_2SiCl_2 氨解法合成 PHPS,在装有进(出)口导气管、机械搅拌器和冷凝器的烧瓶中(氮气保护)加入新蒸馏的吡啶(Py)和原料 H_2SiCl_2,搅拌并形成白色固体络合物 $H_2SiCl_2 \cdot 2Py$,然后在氮气保护下搅拌,并用鼓泡法通入高纯氨气,氨解反应立即开始,待氨气过量并回流 2 h 后停止反应。反应混合物中形成大量白色沉淀,静置一夜后在惰性气氛保护下过滤,得到先驱体的吡啶溶液,减压蒸馏除去溶剂后,得到透明的液态先驱体。典型的合成参数为: 500 mL 溶剂吡啶,50.5 g 原料 H_2SiCl_2,氨气鼓泡的流量约为 100 mL/min,反应时间约为 6 h,得到硅氮烷 15.84 g,相当于 0.352 mol 理想的 $[H_2SiNH]$,产率达70%。全氢聚硅氮烷的合成装置如图 3.19 所示。

反应过程如下:

$$H_2SiCl_2 + 2Py \longrightarrow H_2SiCl_2 \cdot 2Py \qquad (3.12)$$

$$nH_2SiCl_2 \cdot 2Py + 3nNH_3 \longrightarrow [SiH_2NH]_n + 2nNH_4Cl + 2nPy \qquad (3.13)$$

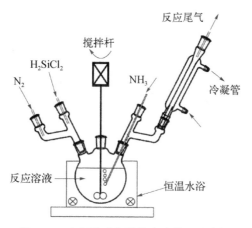

图 3.19　全氢聚硅氮烷的合成装置示意图

所合成的先驱体 PHPS 低聚物为淡黄色透明液体,密度为 $1.0 \sim 1.1$ g/cm^3,黏度为 $30 \sim 50$ mPa · s。PHPS 低聚物的红外(fourier-transform infrared spectroscopy,FT-IR)光谱图如图 3.20 所示[21]。其中,2 161 cm^{-1} 处为 Si—H 键的伸缩振动,3 371 cm^{-1} 和 1 182 cm^{-1} 处分别归属于 N—H 键的伸缩振动和弯曲振动,840 ~

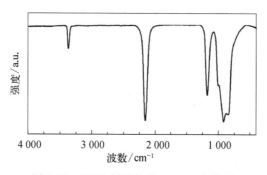

图 3.20　PHPS 低聚物的 FT-IR 光谱图

1 020 cm^{-1}处为 Si—N—Si 键的伸缩振动。

图 3.21 为先驱体 PHPS 低聚物的^{1}H – NMR 谱图[21]，各峰的位置和归属分别为 1.44 ppm（NH）、4.72 ppm（SiH/SiH$_2$）和 4.37 ppm（SiH$_3$）。图 3.22 为先驱体 PHPS 低聚物的凝胶渗透色谱（gel permeation chromatography，GPC）淋出曲线，其相对分子质量分布较宽，数均分子量为 106，重均分子量为 178。以上结果显示，刚合成的先驱体 PHPS 低聚物相对分子质量较小，主要是含[H$_2$SiNH]$_n$分子链骨架的线性结构。

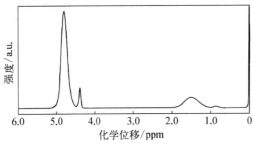

图 3.21　PHPS 低聚物的^{1}H – NMR 谱图　　　图 3.22　PHPS 低聚物的 GPC 淋出曲线

3.2.2　全氢聚硅氮烷的交联裂解过程

刚合成的先驱体 PHPS 低聚物相对分子质量较低，将其放置于密闭容器中，黏度会逐渐增加，最终固化成淡黄色半透明蜡状固体，这是一个从低聚物向高聚物转化的交联过程。因为 PHPS 自身含有 Si—H、N—H 等活性基团，所以无须催化剂就可完成从线状分子到网状分子结构的转化。在加热条件下可加速交联反应，缩短固化时间，但交联速度过快容易造成发泡，会降低陶瓷产率和裂解陶瓷的致密度，也会降低先驱体转化工艺制备复合材料时的致密化效率。根据 PHPS 具有的活性基团可以推断，交联过程中会发生脱氢或脱氨反应，并放出氢气和氨气。

$$\equiv Si—H + H—N = \longrightarrow \equiv Si—N = + H_2 \tag{3.14}$$

$$—SiH_3 + H—N = \longrightarrow \equiv Si—H + NH_3 \tag{3.15}$$

图 3.23 为先驱体 PHPS 交联固化后的 FT – IR 光谱图[21]。由图 3.23 可见，交联后先驱体的 Si—H 峰（2 160 cm^{-1}）和 N—H 峰（3 370 cm^{-1}）有所减弱，说明二者均参与了先驱体交联反应。此外，1 180 cm^{-1}处的 N—H 峰已经不再是一个独立的峰，而与 930 cm^{-1}处的 Si—N—Si 宽峰连接在一起，说明先驱体的分子结

构已经复杂化,由线性结构逐渐向网络结构转化。交联后的先驱体 PHPS 可溶于二甲苯等有机溶剂,这样就可以调节先驱体的黏度,以便满足制备复合材料时纤维预制件的浸渍工艺要求。

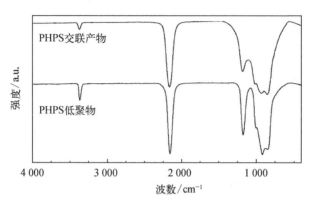

图 3.23　PHPS 低聚物及其交联固化后的 FT－IR 光谱图

经元素分析,先驱体交联产物 PHPS 的组成(质量分数)为 63.6% Si、30.9% N、6.1% H、0.5% C;0.9% O,相应的化学经验式为 $SiN_{0.97}H_{2.69}C_{0.02}O_{0.02}$。微量的碳和氧是先驱体合成、转移和交联过程中所引入的杂质。交联条件(气氛、温度等)不同,所得 PHPS 产物的相对分子质量和结构也有所差别。PHPS 聚合物可能的分子结构如图 3.24 所示[21]。

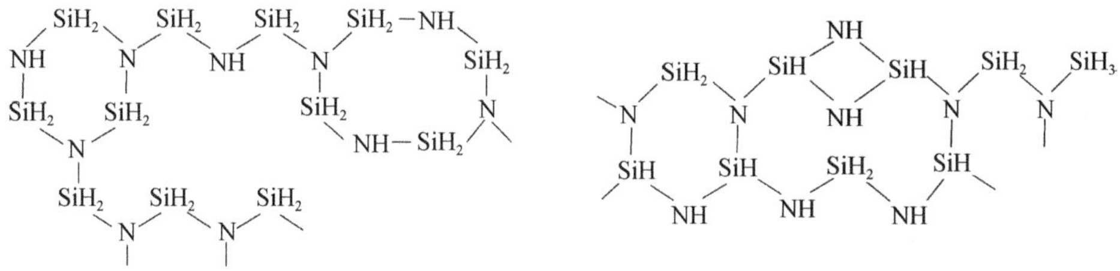

图 3.24　PHPS 聚合物的两种可能分子结构

先驱体 PHPS 容易水解和氧化,需妥善保存,将其置于吡啶、二甲苯等溶剂中可长期存放,室温下密封储存几个月后,其红外光谱未见明显变化,说明溶剂有效地阻碍了空气中的水和氧气对先驱体的水解及氧化作用。若将 PHPS 在溶剂中低温储存,可大大降低其反应活性,延缓凝胶化现象。

根据 PHPS 的结构简式 $[H_2SiNH]_n$,其 Si/N 原子比接近 1,在惰性气氛下高温裂解产生 Si_3N_4 陶瓷的同时,必然产生富余的游离硅,不妨设裂解反应方程如下。

$$4[\mathrm{H_2SiNH}]_n \longrightarrow n\mathrm{Si} + n\mathrm{Si_3N_4} + 6n\mathrm{H_2} \qquad (3.16)$$

则 PHPS 的理论陶瓷产率为 $[(28+140)/(4\times45)]\times100\% = 93\%$（质量分数）。

若在活性气氛氨气中裂解,氨气可作为氮源与先驱体发生反应,设先驱体中的 Si—H 键完全氮化,则产物中将不存在游离硅,而只有 $\mathrm{Si_3N_4}$ 陶瓷,反应方程如下。

$$3[\mathrm{H_2SiNH}]_n + n\mathrm{NH_3} \longrightarrow n\mathrm{Si_3N_4} + 6n\mathrm{H_2} \qquad (3.17)$$

此时,PHPS 的理论陶瓷产率为 $[140/(3\times45)]\times100\% = 103.7\%$（质量分数）,即氨气作为氮源参加了 PHPS 的裂解反应,并通过氮化反应使裂解产物增重。

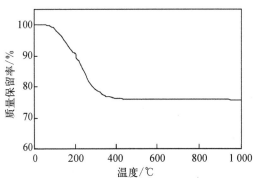

图 3.25　氮化硅先驱体 PHPS 在氮气下裂解的热重曲线

图 3.25 为交联后的聚合物先驱体 PHPS 在氮气下裂解的热重曲线[21]。随着温度的升高,失重从 100℃ 左右开始,500℃ 后已基本不再失重,陶瓷产率为 76%（质量分数）。一般地,先驱体的实际陶瓷产率将低于计算所得到的理论产率,这是由于交联度较低的有机硅低聚物（小分子硅氮烷等）在裂解过程中以气体形式挥发,造成了先驱体的质量损失。即使在活性气氛氨气下,有机硅低聚物的损失也不可避免,而且 Si—H 键也不可能像假设的那样完全被氨气氮化,因此实际陶瓷产率同样低于理论值 103.7%（质量分数）。

综上,采用氯硅烷氨解法合成了氮化硅陶瓷先驱体 PHPS。PHPS 低聚物的数均分子量为 106,重均分子量为 178,经加热即可交联固化,交联产物的化学经验式为 $\mathrm{SiN_{0.97}H_{2.69}C_{0.02}O_{0.02}}$,它在氮气下裂解的陶瓷产率为 76%（质量分数）。其基本性能指标如表 3.2 所示。

表 3.2　合成的氮化硅先驱体 PHPS 的基本性能指标

项　目	指　标
密度/(g/cm³)	1.06
黏度/(mPa·s)	34
热交联温度/℃	108~186
陶瓷产率/%	76

项　目	指　标
陶瓷化产物组成	$\alpha - Si_3N_4$
陶瓷化产物碳质量分数/ppm	39

3.3　Si - B - N 先驱体

3.3.1　聚硼硅氮烷的合成

此前,并无已报道的裂解可同时得到 Si_3N_4 和 BN 的无碳陶瓷先驱体。因此,可参照合成 Si - B - C - N 陶瓷先驱体的方法[22,23],首先分别合成 BN 和Si_3N_4的先驱体硼吖嗪和 PHPS,然后在一定条件下使两者混合,发生聚合,得到无碳的 Si - B - N 陶瓷先驱体聚硼硅氮烷(polyborosilazane, PBSZ)。其中,硼吖嗪和 PHPS 的比例可根据目标陶瓷产物组分的需要进行调节,使其中含有不同的 Si/B 原子比。

根据 Wideman 等[24,25] 和 Su 等[26] 的研究,硼吖嗪与硅氮烷发生反应时,其结构中的部分 N—H、B—H 以及 Si—H 键会发生断裂重排,从而生成结构较复杂的共聚体。按 PHPS 与硼吖嗪的体积比为 1 : 10 合成的典型 PBSZ 以及硼吖嗪、PHPS 的 FT - IR 光谱图如图 3.26 所示。

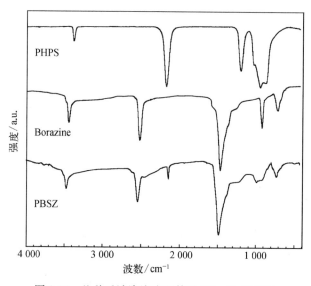

图 3.26　几种透波陶瓷先驱体的 FT - IR 光谱图

其中,3 440 cm^{-1}附近的尖峰为 N—H 键的伸缩振动峰,2 510 cm^{-1}附近为 B—H 键的吸收峰,2 100 cm^{-1}处为 Si—H 键的伸缩振动峰,1 490 cm^{-1}和 930 cm^{-1}附近的吸收峰分别归属于 B—N 键和 Si—N 键[27,28]。由图 3.26 可以看出,PHPS 结构中含有 Si—H 键、N—H 键以及 Si—N 键,硼吖嗪的结构中含有 B—H 键、N—H 键和 B—N 键,PBSZ 的结构中则含有上述的所有化学键。同时可以发现,与硼吖嗪相比,PBSZ 结构中 N—H 键和 B—H 键的强度有所减弱,这也可以说明在共聚反应的过程中,部分含 H 的化学键发生了断裂重排,在单体之间以 Si—N 键或 B—N 键相连接。因此,硼吖嗪和 PHPS 的共聚反应主要是脱氢反应,放出 H$_2$。参照文献[22,26]分析,混杂过程中可能发生的反应如下:

$$(3.18)$$

$$(3.19)$$

$$(3.20)$$

在实际反应中,上述的几种反应难以单独发生,往往是数种反应同时进行的。因此,反应生成的共聚物结构非常复杂。

相对于硼吖嗪和 PHPS,PBSZ 结构中的活性基团的含量更少,从而也具有相对较好的稳定性。但是,PBSZ 极易水解,遇水即发生剧烈反应,因此需妥善保存。将 PBSZ 置于 0℃左右的密闭环境中,储存数月后,其性状和结构均未发生明显变化。

3.3.2　聚硼硅氮烷的交联裂解过程

如前所述,硼吖嗪和 PHPS 在一定条件下均可实现交联固化。硼吖嗪在受热的条件下,分子间会发生聚合,而 PHPS 更是具有常温自交联特性。因此,PHPS 的引入使得 PBSZ 的交联更易实现。

PBSZ 的结构中仍然含有丰富的 Si—H 键、B—H 键以及 N—H 键等活性较高的化学键。当 PBSZ 受热时,这些化学键将会发生断裂重排,使得分子逐渐交联长大。同时,会放出大量的小分子气体,如 H_2、NH_3 等。温度越高,分子交联的速度越快,小分子气体放出的速度也越快。

为抑制先驱体在交联过程中由放气而导致的发泡现象,本书提出了一种高压交联的方法[29,30]。将 PBSZ 放入高压反应釜内,在釜中充入 N_2,使气压升至一定值 P_0(4 MPa$<P_0<$12 MPa),在 100℃保温直至固化。同时,为便于比较,研究了其在常压条件下交联固化的性质。

图 3.27 是 PBSZ 通过两种交联工艺所得到产物的 FT‐IR 光谱图[29]。可以看出,两者的吸收峰的形状及位置均非常相似。与固化前的 PBSZ 相比,N—H键、Si—H 键、B—H 键的强度均有所降低,其中,Si—H 键和 B—H 键的降低程度非常明显。这说明,有较多的 Si—H 键和 B—H 键及 N—H 键在交联过程中发生了断裂。此外,B—N 键以及 Si—N 键的特征峰开始宽泛化,也说明交联后先

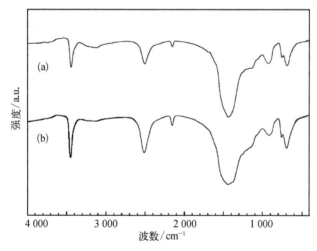

图 3.27　不同交联工艺固化后 PBSZ 的 FT‐IR 光谱图

(a)为常压交联工艺;(b)为高压交联工艺

驱体的结构发生了一定的变化。

　　从图 3.27 中可以发现,两种交联产物中各峰的强度有所不同。图 3.27 中(b)的 B—N 键、Si—N 键的强度与图 3.27 中(a)基本一致。以此为参照,N—H、B—H 及 Si—H 键的强度则明显比图 3.27 中(a)中高。因此,可以推知,高压交联工艺反应中含 H 化学键断裂的数量比常压交联工艺更少,所放出气体的量也更少。根据化学反应平衡中的 LeChatelier 原理,交联过程是放出气体的分解反应,因此当气体压强增大时,分解反应的进行将变得困难。也就是说,增大压强可抑制气体的放出。

　　两种交联工艺产物的照片如图 3.28 所示[29]。显然,高压交联工艺所得到的产物更为致密,其中的气孔非常细小;而常压工艺的产物则明显发泡,孔隙非常大,整体上呈镂空状。由此可知,采用高压交联工艺可有效抑制先驱体的发泡,从而有利于制备高致密度的材料。

(a) 常压交联工艺

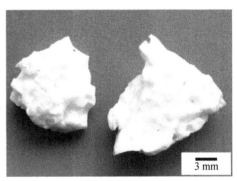
(b) 高压交联工艺

图 3.28　不同交联工艺固化 PBSZ 的照片

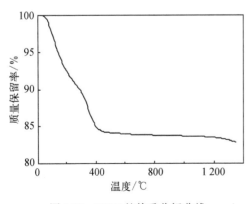

图 3.29　PBSZ 的热重分析曲线

　　图 3.29 是交联后的 PBSZ 在 NH₃ 保护下裂解的热重分析曲线[29]。随着温度的升高,失重从 100℃ 左右开始。从图 3.29 中可以看出,PBSZ 的失重主要发生在 100~400℃,400℃ 之后的失重较少。因此,可以推知,400℃ 以上裂解的产物中 H 原子的含量已经很少。最终的陶瓷产率约为 78%(质量分数)。理论上,硼吖嗪的陶瓷产率为 92.5%(质量分数),PHPS

在氨气中的陶瓷产率则高达103.7%(质量分数),均远高于 H - PBSZ 的实际陶瓷产率。这是由于在裂解的过程中,发生断键反应的同时,某些基团会随机组合生成一些小分子气体,如 NH₃、BH₃、小分子硅氮烷等,造成先驱体的质量损失。因此,实际陶瓷产率比理论值偏低。

PBSZ 及其在不同温度下裂解产物的红外光谱图如图3.30所示[31]。由图3.30可见,与 PBSZ 相比,其裂解产物的红外光谱图发生了明显变化。400℃裂解后,N—H 键、B—H 键及 Si—H 键均明显减弱,说明有机活性基团减少,先驱体开始向无机网络转化;800℃裂解后,N—H 键已经相当微弱,B—H 键和 Si—H 键基本消失。这说明,此时裂解产物的陶瓷化程度已经比较高,其中的 H 含量已经很低。随着温度的升高,N—H 键的强度继续减弱,到1 600℃时已经完全消失。同时可以发现,随着温度的升高,B—N 键和 Si—N—Si 键的吸收峰逐渐变得尖锐。这说明从 PBSZ 聚合物到氮化物陶瓷的转变过程中,随着温度的升高,产物的陶瓷化程度逐渐提高,产物结构的有序程度也逐渐提高。从峰的形状及位置可以推断,1 600℃的裂解产物已经完全实现陶瓷化,且具有长程有序的晶体结构。

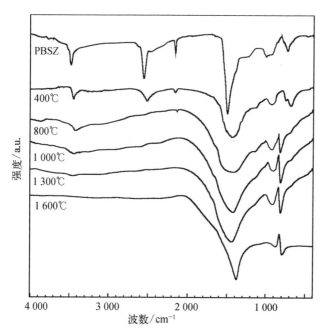

图3.30　PBSZ 及其在不同温度下裂解产物的 FT - IR 光谱图

图 3.31 是 PBSZ 在不同温度下裂解产物的 XRD 谱图[31]。在 800℃ 的裂解产物中,只在 25.6° 和 41.6° 附近观察到两个宽大的"峰包",分别归属于 h‑BN 的(002)晶面和(100)晶面,无尖峰出现。这说明此时的裂解产物中仅存在着一些局部有序的区域,基本上为无定形态。随着温度的升高,衍射峰强度越来越高,形状也更加尖锐,至 1 300℃ 时,归属于 α‑Si$_3$N$_4$ 的衍射峰也开始显现。当温度升至 1 600℃ 时,裂解产物中 h‑BN 的特征衍射峰(26.2°(002),42.1°(100),76.7°(110))和 α‑Si$_3$N$_4$ 的特征衍射峰(23.6°(110),28.3°(200),31.1°(101),35.3°(120),35.6°(111),38.9°(201),52.8°(301),62.8°(320),70.0°(321)等)均已非常明显,位置也接近晶体结构的理论值,说明此时的裂解产物已基本结晶。PBSZ 的最终裂解产物为 BN 和 Si$_3$N$_4$ 的混合物。

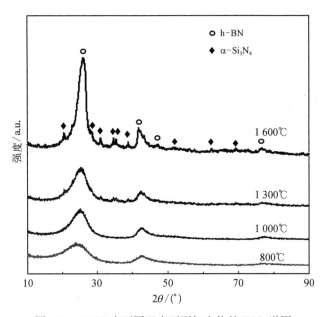

图 3.31　PBSZ 在不同温度下裂解产物的 XRD 谱图

综上,通过硼吖嗪和全氢聚硅氮烷共聚的方法,可成功地合成聚硼硅氮烷无碳氮化物陶瓷先驱体,其裂解产物为 BN 和 Si$_3$N$_4$ 的混合物。同时,在合成聚硼硅氮烷时,通过对硼吖嗪和 PHPS 的比例进行调节可改变 Si/B 原子比,从而可得到不同 Si$_3$N$_4$/BN 比例的裂解产物。其基本性能指标如表 3.3 所示。

表 3.3　合成的聚硼硅氮烷的基本性能指标

原料体积比 （Borazine/PHPS）	1：0.05	1：0.1	1：0.2	1：0.5	1：1
密度/（g/cm^3）	0.87	0.89	0.92	0.96	1.02
黏度/（mPa·s）	1.45	2.90	6.20	10.60	22.80
热交联温度/℃	70~120	78~132	80~150	80~150	80~200
陶瓷产率/%	78.2	72.8	71.6	74.5	73.4
陶瓷化产物组成	h − BN Si$_3$N$_4$	h − BN Si$_3$N$_4$	h − BN Si$_3$N$_4$	h − BN Si$_3$N$_4$	h − BN Si$_3$N$_4$
陶瓷化产物碳质量分数/ppm	41	43	47	46	49

参 考 文 献

［1］ 郝元恺，肖加余. 高性能复合材料学. 北京：化学工业出版社，2004.

［2］ Fazen P J, Beck J S, Lynch A T, et al. Thermally induced borazine dehydropolymerization reactions. Synthesis and ceramic conversion reactions of a new high-yield polymeric precursor to boron nitride. Chemistry of Materials, 1990, 2(2)：96 − 97.

［3］ Stock A, Pohland E. Borwasserstoffe, IX.：B$_3$N$_3$H$_6$. Berichte Der Deutschen Chemischen Gesellschaft, 1926, 59(9)：2215 − 2223.

［4］ Schaeffer R, Steindler M, Hohnstedt L, et al. Preparation of borazole by the reduction of trichloroborazole. Journal of the American Chemical Society, 1954, 76(12)：3303 − 3306.

［5］ Dahl G H, Schaeffer R. The convenient laboratory preparation of borazole. Journal of Inorganic and Nuclear Chemistry, 1960, 12(3.4)：380 − 381.

［6］ Hough W V, Guibert C R, Hefferan G T. Method for the synthesis of borazine：US, 4150097, 1979.

［7］ Schaeffer G W, Schaeffer R, Schlesinger H I. The preparation of borazole and its reactions with boron halides. Journal of the American Chemical Society, 1951, 73(4)：1612 − 1614.

［8］ Wideman T, Sneddon L G. Convenient procedures for the laboratory preparation of borazine. Inorganic Chemistry, 1995, 34(4)：1002 − 1003.

［9］ 李俊生. 硼吖嗪的合成及其转化制备氮化硼研究. 长沙：国防科学技术大学博士学位论文，2011.

［10］ Vincent H, Chassagneux F, Vincent C, et al. Microtexture and structure of boron nitride fibres by transmission electron microscopy, x-ray diffraction, photoelectron spectroscopy and raman scattering. Materials Science and Engineering A, 2003, 340(1.2)：181 − 192.

［11］ Nemanich R J, Solin S A, Martin R M. Light scattering study of boron nitride microcrystals. Physical Review B, 1981, 23(12)：6348.

［12］ Alkoy S, Toy C, Gönül T, et al. Crystallization behavior and characterization of turbostratic boron nitride. Journal of the European Ceramic Society, 1997, 17(12): 1415 – 1422.

[13] Thomas J, Weston N E, O'Connor T E. Turbostratic boron nitride, thermal transformation to ordered-layer-lattice boron nitride. Journal of the American Chemical Society, 1963, 84(24): 4619 – 4622.

[14] Wang X D, Qiao G J, Jin Z H. Preparation of SiC/BN nanocomposite powders by chemical processing. Materials Letters, 2004, 58(9): 1419 – 1423.

[15] 胡海峰. 陶瓷先驱体的分子设计与合成及其在 CMCs 制备中的应用. 长沙: 国防科学技术大学博士学位论文, 1998.

[16] Funayama O, Tashiro Y, Kamo A, et al. Conversion mechanism of perhydropolysilazane into silicon nitride-based ceramics. Journal of Materials Science, 1994, 29: 4883 – 4888.

[17] Seyferth D, Wiseman G H, Prud'homme C. A liquid silazane precursor to silicon nitride. Journal of the American Chemical Society, 1983, 66(1): C13 – C14.

[18] Arai M, Funayama T, Nishii I, et al. High-purity silicon nitride fibers: Japan, 62 – 125015, 1987.

[19] Delaet D L. Silicon nitride precursor polymer: US, 5132354, 1992.

[20] Seyferth D, Prud'Homme C, Wiseman G H. Stable liquid polymeric precursor to silicon nitride and process: US, 4397828, 1983.

[21] 齐共金. 先驱体合成及其转化制备石英织物增强氮化硅基天线罩材料研究. 长沙: 国防科学技术大学博士学位论文, 2006.

[22] Su K, Remsen E E, Zank G A, et al. Synthesis, characterization, and ceramic conversion reactions of borazine-modified hydridopolysilazanes: New polymeric precursors to SiNCB ceramic composites. Chemistry of Materials, 1993, 5: 547 – 556.

[23] Wideman T, Su K, Remsen E E, et al. Synthesis, characterization, and ceramic conversion of borazine/silazane copolymers: New reactions polymeric precursors to SiNCB ceramics. Chemistry of Materials, 1995, 7: 2203 – 2212.

[24] Wideman T, Fazen P J, Su K, et al. Second-generation polymeric precursors for BN and SiNCB ceramic materials. Applied Organometallic Chemistry, 1998, 12: 681 – 693.

[25] Wideman T, Cortez E, Remsen E E, et al. Reactions of monofunctional boranes with hydridopolysilazane: Synthesis, characterization, and ceramic conversion reactions of new processible precursors to SiNCB ceramic materials. Chemistry of Materials, 1997, 9: 2218 – 2230.

[26] Su K, Remsen E E, Zank G A, et al. Synthesis, characterization and ceramic conversion reactions of hydridopolysilizanes. Polymer Preprints, 1993, 34: 334 – 335.

[27] Kim D P, Cofer C G, Economy J. Fabrication and properties of ceramic composites with a boron nitride matrix. Journal of the American Chemical Society, 1995, 78: 1546 – 1552.

[28] Qi G J, Zhang C R, Hu H F, et al. Fabrication of high performance 3D SiO_2/Si_3N_4 composite via perhydropolysilazane infiltration and pyrolysis. Science in China Series E, 2005, 48(6): 685 – 691.

[29] 李斌. 氮化物陶瓷基耐烧蚀、透波复合材料及其天线罩的制备与性能研究. 长沙: 国防科学技术大学博士学位论文, 2007.

[30] 李斌,张长瑞,曹峰,等.混杂聚硼硅氮烷的交联过程分析及其工艺优化.国防科技大学学报,2007,29(6):22-25.

[31] 李斌,张长瑞,曹峰,等.混杂聚硼硅氮烷的陶瓷化过程研究.无机材料学报,2008,23(2):229-232.

第4章 氮化物陶瓷基透波复合材料的制备及成型技术

为适应高马赫数飞行器精确制导的要求,透波材料需满足热、力、电等综合性能要求,即耐高温、高强度、低介电。氮化物陶瓷具有非常优异的热稳定性、抗热震性能和介电性能,而且,它在很宽的温度范围内具有极好的热物理性能和稳定的介电性能。因此,氮化物陶瓷基透波材料成为新一代高温透波材料的研究热点。

陶瓷材料存在脆性大、韧性差的缺陷,难以适应由高马赫数的应用环境所带来的高气动热,由高气动压带来的热应力和气动载荷,以及剧烈的冲刷。因此,本章在氮化物陶瓷基体中引入增强相,对材料进行增强、增韧,以提高其力学性能和抗热震性能。选用的增强相主要包括石英纤维、氮化物纤维及陶瓷颗粒等。

陶瓷材料的成型及烧结难题是限制其实际应用的技术之一。对于氮化物陶瓷,在烧结工艺中,其相变温度决定了必须采用高的烧结温度,由此带来的对成型与烧结设备的需求、加工的难题以及对增强体的损伤均是难以解决的问题。先驱体转化工艺以有机先驱体聚合物为原料,可在相对较低的裂解温度下转变为陶瓷,且不需要引入烧结助剂,从而保证了材料的纯度和介电性能;较低的工艺温度,可最大限度地减轻制备工艺对增强相造成的损伤,同时,可充分利用先驱体的流变特性实现复杂构件的成型。因此,本章采用先驱体转化工艺进行氮化物陶瓷基透波复合材料及其透波构件的制备。

先驱体转化法可以制备陶瓷微粉、陶瓷薄膜、陶瓷纤维及陶瓷基复合材料,其中陶瓷基复合材料是先驱体转化法的优势得以充分体现的重要领域之一[1-3]。在合成无碳氮化物陶瓷先驱体的基础上,通过材料体系的设计及工艺优化,可望制备出热、力、电综合性能优良的氮化物陶瓷基透波复合材料,满足高马赫数飞行器透波部件的需求。

4.1 先驱体浸渍—裂解工艺

制备复合材料的先驱体浸渍—裂解(precursor infiltration and pyrolysis, PIP)

工艺通常包括三个阶段,即陶瓷先驱体的浸渍、先驱体的交联固化以及先驱体的裂解。在每个阶段,都难以避免气孔的产生。在浸渍过程中,尽管采用真空浸渍的方式可提高先驱体的浸渍效率,但仍难以保证所有的孔隙均被先驱体所填充;在交联固化以及裂解的过程中,气体的放出及产物体积的收缩均使得其中的孔隙率进一步增大。因此,在 1 个 PIP 工艺循环之后所得到的复合材料必然是疏松多孔的。为制得较致密的复合材料,必须进行多个浸渍—交联—裂解工艺的循环过程。工艺流程图如图 4.1 所示。

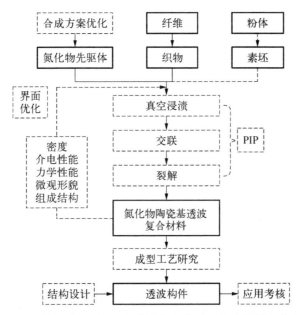

图 4.1　先驱体浸渍—裂解工艺制备氮化物透波复合材料工艺流程图

　　其基本过程如下:以纤维预制体或者多孔陶瓷素坯为增强体,在真空条件下将其浸渍于具有一定流动性的陶瓷先驱体中;之后,将预制体或陶瓷素坯烘干,或者进行一定程度的交联固化,再于特定的气氛中进行高温裂解,经过多次的浸渍—交联—裂解循环过程可得到相对致密的复合材料。

　　在合成先驱体的基础上,本章所选取的复合材料增强体包括石英纤维、氮化物纤维及氮化物陶瓷颗粒等。在进行复合材料的制备之前,需将增强体制成具有一定结构与形状的预制体。对于纤维,通常采用 2.5D 或三维四向的编织方式进行编织,或采用二维布叠层结构制备预制体;对于陶瓷粉体,则采用模压法或凝胶注模的方法制成素坯,再进行先驱体的浸渍以及裂解过程。陶瓷粉体素坯的制备流程如图 4.2 所示。无碳氮化物先驱体主要选用硼吖嗪、全氢聚硅氮烷

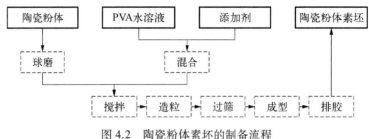

图 4.2　陶瓷粉体素坯的制备流程

和聚硼硅氮烷,可分别用于制备氮化硼、氮化硅和硅硼氮陶瓷及其复合材料。

4.2　氮化物陶瓷基复合材料的制备

本章所选取的合成无碳氮化物先驱体包括三种,即硼吖嗪、全氢聚硅氮烷和聚硼硅氮烷,可分别用于制备氮化硼、氮化硅和硅硼氮陶瓷及其复合材料。通过选取不同的先驱体和增强相,并优化制备工艺参数,系统研究了石英纤维增强氮化硼(SiO_{2f}/BN)、石英纤维增强氮化硅(SiO_{2f}/Si_3N_4)、石英纤维增强硅硼氮($SiO_{2f}/Si-B-N$)、氮化硼纤维增强氮化硼(BN_f/BN)、硅氮氧纤维增强氮化硼($SiNO_f/BN$)、氮化硅颗粒增强氮化硼(Si_3N_{4p}/BN)、氮化硼颗粒增强氮化硼(BN_p/BN)等多种复合材料的制备方法及其性能,其基本的制备工艺参数根据先驱体的交联和裂解性质及增强体的耐温性能来确定。为便于叙述,本节选取数种典型的复合材料,介绍其制备工艺及基本性能指标。

根据选用先驱体及所得复合材料基体的不同,分别介绍 BN、Si_3N_4 和 $Si-B-N$ 陶瓷基透波复合材料的制备技术。

4.2.1　BN 基透波复合材料

如前所述,硼吖嗪是一种理想的 BN 陶瓷先驱体。近年来,以硼吖嗪为先驱体制备 BN 陶瓷逐渐成为研究的热点之一[4,5]。根据前文对硼吖嗪基本性质和交联裂解特性的研究,本小节以硼吖嗪为陶瓷先驱体,并选用石英纤维、氮化硼纤维、硅氮氧纤维以及氮化硅颗粒作为增强体,重点介绍 BN 基透波复合材料的制备工艺及其性能。

1. 石英纤维增强氮化硼复合材料

石英纤维具有良好的力学性能、耐温性能以及优异的介电性能,在航空航天透波领域应用十分广泛,广泛用作各种型号导弹天线罩的增强材料。石英纤维是一种较为成熟的透波复合材料的增强纤维,也是目前唯一实现商品化的透波纤维。因此,研究石英纤维增强透波材料,对于在目前阶段实现氮化物透波复合材料的应用,有着重要的意义。

采用 2.5D 编织结构的 A 型石英纤维织物作为增强体,通过浸渍硼吖嗪及后续的交联、裂解工艺制备石英纤维增强氮化硼(SiO$_{2f}$/BN)复合材料。典型的工艺参数为:采用真空浸渍工艺,浸渍时间为 0.5~3 h;采用高压交联工艺,交联压力为 4~10 MPa,交联介质为 N$_2$,交联温度为 70~120℃,交联时间为 60~90 h;采用气氛保护裂解工艺,保护气氛为 N$_2$,裂解温度为 800~1 300℃,保温时间为 0.5~3 h。

一般地,在 PIP 工艺制备复合材料过程中,聚合物先驱体裂解发生收缩,同时逸出气体,并在裂解产物中留下孔隙,经过 1 个 PIP 循环后,复合材料密度较低。只有经过多次 PIP 循环,当达到一定的致密度后,才具有较好的力学性能。800℃裂解 SiO$_{2f}$/BN 复合材料的致密化曲线如图 4.3 所示。

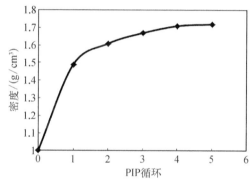

图 4.3　SiO$_{2f}$/BN 复合材料的致密化曲线

随着浸渍—交联—裂解循环次数的增加,不断有新的先驱体浸入前 1 个循环所产生的孔隙中,使得基体得到进一步的填充,复合材料逐渐致密,密度逐渐增大。从图 4.3 可以看出,第一个循环的密度增长最为明显,增长率高达近 50%;此后则越来越缓慢,至第四个循环之后,密度基本达到上限。这说明,随着循环次数的增加,复合材料的基体越来越致密,所含孔隙的体积逐渐减小;同时,材料基体中开始出现闭孔,且闭孔所占的比例越来越高,导致浸渍效率越来越差。当循环次数增加到一定程度时,基体孔隙中的闭孔占据绝大部分,先驱体将无法浸入。此时,材料的致密度将会达到极限,不再提高。同时可以看出,SiO$_{2f}$/BN 复合材料的致密化速度非常快,与 PIP 工艺常见的 C$_f$/SiC 复合材料的致密化需要约 20 个 PIP 循环相比,SiO$_{2f}$/BN 复合材料仅需要 4 个左右的 PIP 循环即可实现致密化。这与 BN 的先驱体硼吖嗪在裂解过程中的高陶瓷产率直接相关,对于在工程应用中提高制备效率有着非常重要的意义。

当 PIP 循环次数增加之后,复合材料的致密度得以提高,复合材料的力学性能也随之发生改变。对每次循环后所得的复合材料进行弯曲强度测试,其载荷-位移曲线如图4.4所示。

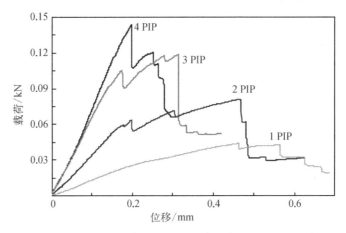

图4.4　不同循环次数制备的 SiO_{2f}/BN 复合材料的载荷-位移曲线

由图4.4可以看出,在弹性变形阶段,曲线的斜率随循环次数的增加而增大,这表明复合材料的弹性模量也随之提高;同时,与前1个循环相比,第2个、第3个循环的模量增长幅度较大,第4个循环的增长幅度则明显变小。这说明,在第3个循环之前,材料的孔隙率仍然较高,先驱体易浸入,使得基体材料对复合材料孔隙的填充效果明显,因此模量的增长也非常明显;而到第3个循环之后,复合材料基体已经比较致密,且其中的孔隙多为闭孔,因此在第4个循环中,浸入的先驱体量较少,导致基体的增加不多,弹性模量变化不大。这与复合材料密度的变化情况一致。

由图4.4同时可以看出,随着循环次数的增加,复合材料的弯曲强度越来越高,应变(挠度)随之变小。在浸渍不完全时,孔隙率较大,基体与纤维的结合较松,纤维增强作用不明显,强度较低;随着基体不断得到填充而致密,基体与增强纤维之间的接触面积增大,结合也更加紧密,基体传递载荷的作用得到有效的发挥。同时,随着致密度的提高,基体中的缺陷(如气孔、裂纹等)随之减少,这就减少了可能产生应力集中的区域。载荷-位移曲线也清楚地表明,此时的复合材料呈现出良好的韧性特征。

如前所述,裂解温度的不同会导致先驱体的裂解产物即复合材料的基体成分、结构以及性质的不同。同时,会对增强纤维的性质产生不可忽视的影响。在 SiO_{2f}/BN 复合材料中,其增强相为石英纤维。石英纤维具有介电常数低、介电损耗小的突出优点,然而,石英纤维是一种玻璃态材料,处于热力学不稳定状态,在高温下,极易析出方石英相。新相的析出使得纤维在温度涨落的过程中存在较大的体积效应,这进而导致纤维的脆化,致使复合材料的力学性能大幅下降,严重限制了其实际应用。因此,在复合材料的制备过程中,如果制备温度过高,将会导致石英纤维性能严重退化,使其不能发挥增强增韧的作用。因此,在制备SiO_{2f}/BN复合材料时,必须考虑制备温度的影响。

将石英纤维束丝分别在300℃、400℃、600℃、800℃、1 000℃和1 300℃的空气中进行热处理,分别测试处理前后纤维的断裂强度,以处理后与处理前纤维的断裂强度之比表征纤维的强度保留率,结果如图4.5所示。由图4.5可以看出,石英纤维在300℃以下的温度处理后,强度下降的幅度不是很大;在300~400℃,纤维的强度损失严重,强度保留率从84.2%下降至35.2%;在400~1 000℃,纤维强度则缓慢下降,变化幅度较小;在1 000℃以后,纤维的强度下降速度加快,当处理温度到1 300℃时石英纤维已经完全脆化,一触即碎,以致无法测试其拉伸强度(记为0)。

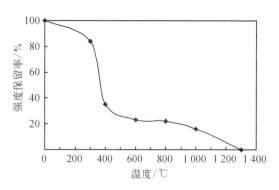

图4.5　热处理后石英纤维的强度保留率

在高温下,析晶是限制石英玻璃使用的重要因素,析晶包括晶核的生成和晶体的长大[6-8]。研究发现,石英纤维的析出晶体为单一的方石英相。方石英晶核只能产生在表面,因此在块体的石英玻璃中,其析晶速度比较慢。但对于石英纤维,其直径仅有数个微米,因此其比表面积非常大,这就极大地增加了形核的区域和晶核的数量,从而降低了初始析晶的温度,并加速了石英纤维晶化的过程。

图4.6是石英纤维经不同温度热处理之后的XRD谱图。未经处理的纤维和800℃热处理后的纤维均为非晶态,无结晶峰,仅有一个宽大的峰包。800℃热处理后,峰包变窄变尖,说明热处理过程中石英纤维内部Si—O—Si网络结构单元发生聚集,排列更加紧凑,由非晶态逐渐向有序的结晶态过渡,也说明在Si—O—Si无定型网络结构中可能产生了有序排列区域极小的微晶,造成石英纤维内部微观结构的不均匀。这种情况下,当纤维受外应力作用时,表面缺陷处将会产生裂纹,并向内部传播,纤维内部微观结构的不均匀性将加速纤维的断裂。

因此,石英纤维热处理至 800℃ 之后,尽管结构的变化不显著,但强度出现了严重的损失。1 000℃ 热处理后的纤维开始显现出两个衍射峰,分别位于 22.4°(101)和 35.9°(200)处,说明此时的纤维已经开始析晶,并导致了纤维强度的进一步下降。当达到 1 300℃ 时,石英纤维几乎已经晶化,其衍射峰的形状及强度均说明此时已经具有相当高的结晶度。在石英纤维析晶的过程中,伴随着原有无规则网络的破坏和结构的重排,这将会导致大量微裂纹的产生。因此,当石英纤维的析晶进行到一定程度时,其强度就会完全丧失。

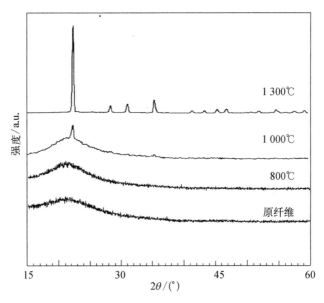

图 4.6　热处理前后石英纤维的 XRD 谱图

采用不同裂解温度制备的 SiO_{2f}/BN 复合材料,其基体的结构与性质不同,而且,增强纤维所受的损伤程度也不一样。因此,其力学性能也必然存在差异。其性能指标如表 4.1 所示。显然,随着裂解温度的升高,所得的 SiO_{2f}/BN 复合材料的弯曲强度逐渐下降,弹性模量也逐渐降低。

表 4.1　不同裂解温度制备的 SiO_{2f}/BN 复合材料的性能

裂解温度/℃	密度/(g/cm³)	弯曲强度/MPa	弹性模量/GPa
800	1.76	125.2	24.5
1 000	1.78	83.4	18.1
1 300	1.81	53.3	16.2

从图 4.7 所示的载荷-位移曲线也可明显看出,裂解温度对 SiO_{2f}/BN 复合材料的强度及模量的显著影响。同时可以发现,三种复合材料的断裂行为存在一定的差别。其中,800℃制备的复合材料的曲线中,出现了很宽的应力屈服段,且具有较大的断裂应变,表明该材料具有良好的韧性以及较大的断裂功;1 000℃制备的复合材料中,也出现了明显的

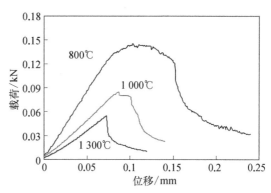

图 4.7　不同裂解温度制备的 SiO_{2f}/BN 复合材料的载荷-位移曲线

应力屈服,显示出一定的韧性特征;而 1 300℃制备的复合材料,在达到最大载荷后,曲线急剧下降,显示出明显的脆性断裂特征。

对典型的纤维增强陶瓷基复合材料断裂行为的研究表明,材料的断裂过程一般为:基体中出现裂纹—纤维与基体发生界面解离(或脱黏)—纤维断裂和拔出,如图 4.8 所示。增韧机制主要有纤维桥连、裂纹偏转和纤维拔出等方式。

(1)界面脱黏。当纤维与基体的界面结合较弱时,基体萌生裂纹并扩展到界面处,会沿着与纤维轴向平行的方向发生偏转,使纤维与基体脱黏,阻碍了基体裂纹的扩展。

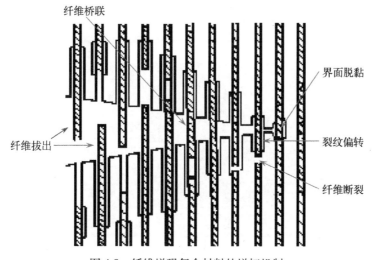

图 4.8　纤维增强复合材料的增韧机制

（2）裂纹偏转。裂纹沿着结合较弱的纤维/基体界面发生弯折,偏离原来的扩展方向,使裂纹的路径增加。裂纹可以仍然沿着原来方向扩展,但在越过纤维时,产生了沿界面方向的分叉。

（3）纤维断裂。在复合材料受力过程中,当纤维所受应力大于其极限应力时,纤维将在其薄弱处发生断裂。

（4）纤维桥联。在基体开裂后,纤维承受外加载荷,并在基体的裂纹面之间架桥。桥联的纤维对基体产生使裂纹闭合的力,可消耗外加载荷,有助于提高材料的韧性。

（5）纤维拔出。当基体裂纹扩展至纤维时,应力集中导致结合较弱的纤维/基体界面解离,进一步的应变将导致纤维在弱点处断裂,随后,断裂后的纤维克服摩擦力从基体断裂面拔出。纤维拔出时消耗大量的能量,是纤维增强复合材料断裂时最主要的吸能机制。

不同裂解温度制备的 SiO_{2f}/BN 复合材料断口的微观形貌如图 4.9 所示。显

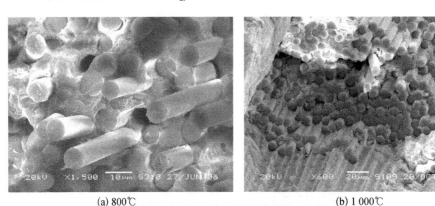

(a) 800℃　　　　　　　　　　(b) 1 000℃

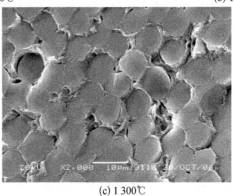

(c) 1 300℃

图 4.9　不同裂解温度制备的 SiO_{2f}/BN 复合材料断口的微观形貌

然,三者的断裂方式完全不同。其中,在 800℃制备的复合材料中,出现了许多的纤维拔出现象,而且纤维被拔出之后的孔洞清晰可见,这说明石英纤维对氮化物基体起到了良好的增强增韧效果,此时的复合材料具有较高的强度及韧性。而在 1 000℃制备的复合材料中,已基本观察不到明显的纤维拔出现象,但可以看到大面积的纤维脱黏。这表明,此时的复合材料仍然具有一定的韧性,纤维与基体发生了脱黏,从而裂纹发生了一定的偏转,使得材料的断口起伏不平。这也可以说明,基体与纤维的结合较弱,两者之间应该没有强化学反应发生。1 300℃制备的复合材料的断口则非常平齐,为典型的脆性断裂。此时的石英纤维已经完全脆化,裂纹在界面处极易渗透至石英纤维中,石英纤维已经起不到增强和增韧的效果,导致复合材料发生了灾难性的破坏。

因此,裂解温度的不同,会导致石英纤维性能的改变,并由此导致纤维增韧方式的改变,多方面因素的综合作用导致了 SiO_{2f}/BN 复合材料力学性能的改变。

综上,优选的 SiO_{2f}/BN 复合材料裂解温度为 800℃。此时,复合材料具有良好的综合性能,其典型的基本性能指标如表 4.2 所示。

表 4.2　典型 SiO_{2f}/BN 复合材料的基本性能指标

测 试 项 目	单　　位	性 能 指 标
密度	g/cm^3	1.76
介电常数	—	3.00~3.40
损耗角正切	—	0.003
常温母向拉伸强度	MPa	98
800℃母向拉伸强度	MPa	105
常温母向弯曲强度	MPa	121
800℃母向弯曲强度	MPa	133
常温弹性模量	GPa	23.5
800℃弹性模量	GPa	22.4

2. 氮化硼纤维增强氮化硼复合材料

针对长航时、耐高温、新型精确制导飞行器对透波复合材料的迫切需求,以及石英纤维高温析晶的问题,有必要选用耐温性能更加优异的陶瓷纤维作为增强体,开发耐温性能更好的新型纤维增强透波材料,为发展未来新型精确制导武器提供重要的材料保障。

研究表明,氮化硼纤维在 2 000℃以下的惰性气氛中晶粒不会长大,强度也不会下降,而且它的高温强度(1 800℃左右)反而比室温强度高,这就为复合材料基材烧结温度的选择提供了方便;而且,在飞行器飞行摩擦发热过程中,它也更能保证部件的可靠性和安全性。因此,近几年来,美国、俄罗斯的防热透波天线窗已由石英三向织物过渡到氮化硼纤维三向织物增强复合材料[9]。

与 SiO_{2f}/BN 复合材料的制备工艺类似,氮化硼纤维增强氮化硼(BN_f/BN)复合材料同样选择硼吖嗪为先驱体,采用先驱体转化工艺进行复合材料的制备。首先,在真空中将先驱体硼吖嗪浸入氮化硼纤维预制体中;其次,使已浸渍先驱体的预制体在一定温度、一定压力的氮气气氛中交联固化;最后,将交联后的预制体在氮气中裂解,得到复合材料。将此工艺循环数次,直到达到预期的致密度[10]。

不同裂解温度制备的 BN_f/BN 复合材料的载荷-位移曲线如图 4.10 所示。由图 4.10 可以看出,随着裂解温度从 900℃升至 1 300℃,复合材料的强度逐渐降低,断裂模式也发生改变。当在 900℃裂解时,其载荷-位移曲线出现了明显的屈服阶段,然后是阶梯状的下降,可推断此时界面结合强度较低,而纤维强度较高,纤维与基体间发生脱黏,材料为韧性模式断裂,其最大断裂强度由纤维断裂强度控制。纤维与基体间的滑移阻力大,且承载应力的纤维分布比较均匀,纤维能起到有效的增强增韧作用。当在 1 100℃裂解时,其载荷-位移曲线也为韧性断裂模式,但并不很明显,纤维与基体间的滑移阻力相对较小,且承载应力的纤维分布不很均匀。当裂解温度上升至 1 300℃时,高温使得纤维和基体的结合强度很高,在纤维强度相对较低时,在基体裂开时不能起到增韧的作用,材料发生了灾难性的断裂失效,表现为脆性断裂的特征。

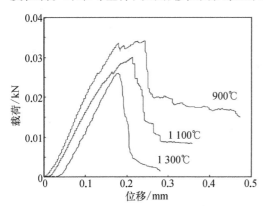

图 4.10　不同裂解温度制备的 BN_f/BN 复合材料的载荷-位移曲线

复合材料断面形貌如图 4.11 所示。从图 4.11 可以看出,900℃试样的纤维断面参差不齐,出现了大面积的纤维拔出现象,且拔出长度较长;1 100℃试样的纤维断面也有纤维拔出,但长度和数量不及 900℃试样;1 300℃试样的纤维断面则十分平齐,几乎观察不到纤维拔出,且纤维和基体结合很强。

总而言之,过高的裂解温度会造成纤维热损伤,使纤维的断裂强度、弹性模量和断裂韧性等力学性能降低;更重要的是,过高的温度会加速纤维表面杂质

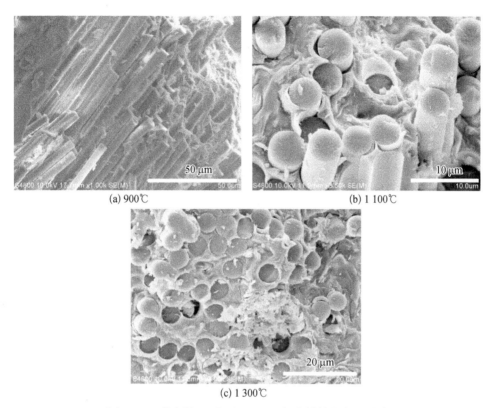

(a) 900℃　　　(b) 1 100℃

(c) 1 300℃

图 4.11　不同裂解温度下 BN$_f$/BN 复合材料的断面形貌

（吸附或氧化产生）与基体的化学反应,造成纤维与基体的界面结合过强,不利于材料断裂过程中纤维的拔出,严重降低材料韧性。当然,若温度过低,也不利于先驱体的充分裂解。因此,BN$_f$/BN 复合材料的裂解应在适当较低的温度下进行(900~1 000℃为宜)。

图 4.12 为 BN$_f$/BN 复合材料表面的拉曼(Raman)光谱图。从图 4.12 中可以明显观察到在 1 360 cm^{-1}处 h－BN 的特征峰,它是由 B—N 键的面内伸缩振动产生的,峰尖而强,表明了 BN 的含量高,且具有一定的结晶度。图 4.13 和表 4.3 为材料表面的 XPS 分析结果。XPS 谱图中主要存在 N1s(约 399 eV)、B1s(约 190 eV)、O1s(约 532 eV)和

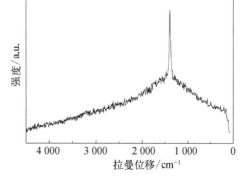

图 4.12　BN$_f$/BN 复合材料表面的
Raman 光谱图

C1s(约 285 eV)的特征峰,这表明材料表面化学组成主要是 BN。此外,少量 BN 被氧化,主要以 B_2O_3 的形式存在。需要指出的是,材料里并非存在 C 元素,而是测试时系由 C 峰标定以及空气中含碳化合物的污染所致。元素定量分析结果为(原子百分数):N1s 40.42%,B1s 35.66%,O1s 12.11%,C1s 11.81%。

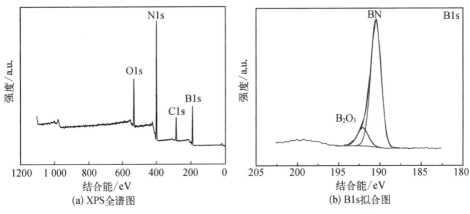

(a) XPS全谱图　　　　　　　　　(b) B1s拟合图

图 4.13　BN_f/BN 复合材料表面的 XPS 全谱图和 B1s 拟合图

表 4.3　BN_f/BN 复合材料表面各元素的原子百分数

元　素	N1s	B1s	O1s	C1s
原子百分数/%	40.42	35.66	12.11	11.81

BN_f/BN 复合材料的典型常温力学性能数据列于表 4.4。材料的密度为 1.60 g/cm³,开孔率为 4.66%,其平均弯曲强度、弹性模量和断裂韧性分别为 53.8 MPa、20.8 GPa 和 6.88 MPa·m$^{1/2}$,显示出良好的力学性能。表 4.5 为 BN_f/BN 复合材料在高温下的弯曲强度和弹性模量。由表 4.5 可以看出,与石英纤维增强的复合材料类似,BN_f/BN 复合材料的力学性能随着温度的升高而逐渐降低。

BN_f/BN 复合材料在 2~18 GHz 频段的介电性能曲线如图 4.14 所示。由图 4.14 可以看出,该材料在该频段内的介电常数和介电损耗十分稳定,其平均值分别为 3.07 和 0.004 4。因此,所制备的 BN_f/BN 复合材料有着良好的介电性能。

表 4.4　BN_f/BN 复合材料的典型常温力学性能数据

纤维体积分数/%	密度/(g/cm³)	开孔率/%	弯曲强度/MPa	弹性模量/GPa	断裂韧性/(MPa·m$^{1/2}$)
40	1.60	4.66	53.8	20.8	6.88

表 4.5　BN$_f$/BN 复合材料在高温下的弯曲强度和弹性模量

温度/℃	弯曲强度/MPa	弹性模量/GPa
25	53.8	20.8
300	49.6	17.5
500	44.1	15.3
800	38.7	11.2
1 000	36.2	8.6

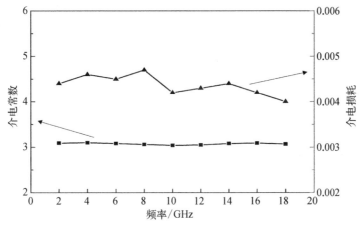

图 4.14　BN$_f$/BN 复合材料在 2~18 GHz 频段的介电性能

3. 硅氮氧纤维增强氮化硼复合材料

与 BN$_f$/BN 复合材料的研究目标一致,针对高马赫数重复使用飞行器、高速再入飞行器透波部件,采用同样的先驱体转化工艺,开展了硅氮氧纤维增强氮化硼(SiNO$_f$/BN)复合材料的研究。本书研究采用的硅氮氧(SiNO)纤维为国防科技大学新型陶瓷纤维及其复合材料重点实验室陶瓷纤维研究室研制,由聚碳硅烷(PCS)纤维经过空气不熔化处理,在 NH$_3$ 气氛中氮化处理,在 N$_2$ 气氛中经高温烧成后制得[11],其基本性能如表 4.6 所示。

表 4.6　硅氮氧纤维基本性能

密度 /(g/cm³)	直径 /μm	抗拉强度 /GPa	弹性模量 /GPa	介电常数 (10 GHz)	损耗角正切 (10 GHz)
2.2~2.3	10~12	1 260	75	4.50	0.012

复合材料的致密化过程是基体致密度不断提高的过程,基体致密度的提高将增加纤维与基体的接触面积,有助于提高界面的载荷传递能力。但是,高温裂解过程也是纤维的热处理过程,必定会对纤维的性能产生一定的影响,故需要对复合材料的致密化工艺进行优化,尽量减少纤维在复合材料制备过程中的强度损失。本节选择裂解温度 1 000℃、保温 1 h 作为 $SiNO_f/BN$ 复合材料的裂解工艺,研究了复合材料致密化过程中的密度、孔隙率及力学性能的变化。

图 4.15 为 $SiNO_f/BN$ 复合材料的密度与开孔率随 PIP 循环次数的变化情况。由于先驱体具有非常高的陶瓷产率,复合材料的密度随 PIP 循环次数的增加而迅速增加。经过 3 次 PIP 循环后,$SiNO_f/BN$ 复合材料的密度达到 1.83 g/cm^3,开孔率为 7.6%;继续增加 PIP 循环次数到 4 次,材料密度增加缓慢,仅增加到 1.84 g/cm^3,开孔率也变化不大,仍有 7.4%。

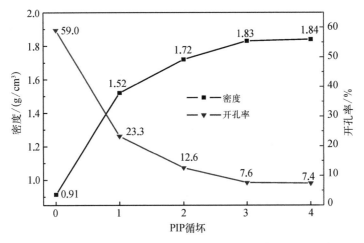

图 4.15　复合材料密度及开孔率与 PIP 循环次数的关系曲线

图 4.16 为 $SiNO_f/BN$ 复合材料致密化过程中截面形貌的变化。由图 4.16 可以看出,在 2.5D 编织件增强的复合材料中,主要存在两种类别的孔隙,一种是纤维束内部纤维与纤维之间的微小孔隙;另一种是弯曲的经向纤维束与平直纬向纤维束之间形成的大孔隙及其与外界连接的扁长孔隙,这些孔隙形状不规则,形貌呈现入口较小、内部较大的特征。由图 4.16 可以看出,纤维束内孔隙的致密化效率要高于纤维束间的孔隙。经过 1 次 PIP 循环,纤维束内部即已达到很高的致密度,但纤维束间的大孔隙和扁长通道未被充分填充。经过 3 次 PIP 循环,纤维束内部已基本致密,仅残留一些闭孔;纤维束之间的结合也已较为紧密,但纤维束间大孔隙仍较难被致密化,随着扁长通道不断被填充,部分大孔隙将被封

闭为闭孔。继续增加 PIP 循环次数到 4 次,仅一些微孔被进一步填充,这对材料继续致密化贡献不大。

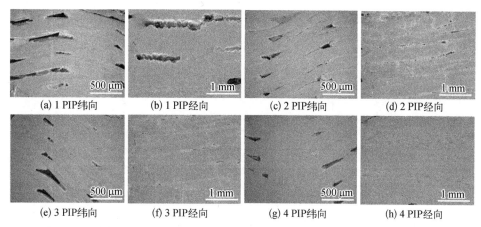

| (a) 1 PIP纬向 | (b) 1 PIP经向 | (c) 2 PIP纬向 | (d) 2 PIP经向 |
| (e) 3 PIP纬向 | (f) 3 PIP经向 | (g) 4 PIP纬向 | (h) 4 PIP经向 |

图 4.16　不同 PIP 循环次数制备 $SiNO_f/BN$ 复合材料沿纤维纬向和经向截面形貌

采用压汞法对经过 1 次和 3 次 PIP 循环制备的 $SiNO_f/BN$ 复合材料的开孔孔径分布进行表征,结果如图 4.17 所示。由图 4.17 可以看出,经过 1 次 PIP 循环,复合材料内孔径大小呈现明显的多峰分布。其中,孔径大小在 8.6 μm 左右的孔隙主要是纤维束内未被填充的孔隙,而更大的孔隙主要分布在纤维束之间,包括纤维束间大孔隙及其与外界连接的通道,孔隙形状不规则,因此呈现多峰分布。此外,复合材料还包含有大量的纳米孔隙,孔隙直径在 23 nm 左右,这些孔隙主要是分布在 BN 基体之中,是基体在裂解过程中产生体积收缩而形成的。当 PIP 循环增加到 3 次时,复合材料的致密化程度有了明显提高,此时纤维束内的孔隙和基体中的孔隙已基本被完全填充,只剩下纤维束间的部分大孔隙。

在 PIP 工艺制备复合材料的过程中,液态先驱体的浸渍效果与两个因素紧密相关。一是孔隙的大小和比表面积,二是先驱体的蒸气压。首先,与纤维束间大孔隙相比,纤维束内的孔径小、比表面积大,有利于液态先驱体的毛细管渗透,因此首先被填充致密化。其次,采用的先驱体具有很高的蒸气压,在引入先驱体的初期会出现先驱体的气化,从而占据材料内的部分孔隙,而且纤维束内的气孔也会通过毛细管渗透的方式被排挤到纤维束之间的孔隙内,因此形成大的残留孔隙。研究发现,这些孔隙在每次浸渍时均会被气化的先驱体所占据,难以继续被填充。

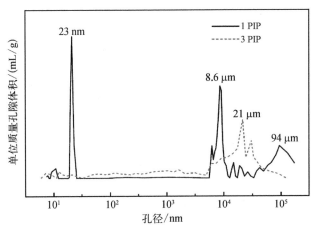

图 4.17   经 1 次和 3 次 PIP 循环制备 $SiNO_f/BN$ 复合材料的孔径分布

随着 PIP 循环次数的增加,基体的致密度得以提高,复合材料的力学性能也随之发生改变。表 4.7 列出了不同 PIP 循环次数制得的复合材料的弯曲强度和弹性模量,相应的弯曲载荷-位移曲线如图 4.18 所示。由图 4.18 可以看出,随着 PIP 循环次数的增加,复合材料的弯曲强度和弹性模量提高,并且增长幅度在第 2 次、第 3 次 PIP 循环很显著,而在第 4 次 PIP 循环明显变小,与材料密度的变化趋势一致。这表明基体致密度提高后,基体与增强纤维之间的接触面积增大,结合也更加紧密,界面传递载荷的作用得到有效的发挥。但同时可以看出,随着循环次数的增加,复合材料的断裂应变不断减小。经 4 次 PIP 循环所得的复合材料的载荷线性增加到最大之后迅速下降,呈现出较为明显的准脆性断裂,这可能是由纤维热损伤和界面结合变强引起的。

表 4.7   不同 PIP 循环次数制备的 $SiNO_f/BN$ 复合材料的力学性能

PIP 循环次数	弯曲强度/MPa	弹性模量/GPa
1	51.8	8.1
2	94.12	17.1
3	138.2	28.6
4	143.4	28.9

表 4.8 列出了不同温度制备的 $SiNO_f/BN$ 复合材料的密度和开孔率。为避免高温循环裂解对纤维强度造成严重的损伤,对于 1 200~1 400℃制备的复合材料,其前两次 PIP 循环的裂解温度均为 1 000℃,仅在最后一次裂解时才升温到相应的温度。

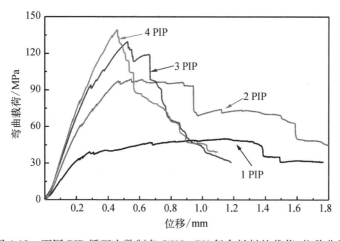

图 4.18　不同 PIP 循环次数制备 $SiNO_f/BN$ 复合材料的载荷-位移曲线

表 4.8　不同温度制备 $SiNO_f/BN$ 复合材料的密度及开孔率

制备温度/℃	密度/（g/cm³）	开孔率/%
800	1.79	7.3
1 000	1.83	7.6
1 200	1.85	7.5
1 300	1.86	7.8
1 400	1.87	8.1

由表 4.8 可以看出,由于复合材料的制备过程具有一致性,对材料密度和开孔率产生决定性影响的是不同温度裂解的基体性能。随着裂解温度的升高,基体的密度升高,故所得复合材料的密度不断增加,从 800℃时的 1.79 g/cm³ 逐渐增加到 1 400℃时的 1.87 g/cm³。复合材料的开孔率则比较接近,均在 8%左右。

由于浸渍液体无法浸入材料内部的闭孔中,阿基米德法和压汞法只能测量材料的开孔率,本书利用高分辨 X 射线断层摄影技术研究复合材料的闭孔率。用于测试的样品是 5 mm×5 mm×5 mm 的块体,X 射线扫描的分辨率达到 1.9 μm,因此可以识别纤维束内部的闭孔,通过对复合材料重建图像的三维重构和分割处理,可以得到材料内部的孔隙形貌和闭孔率[12-14]。

图 4.19 为 1 200℃制备的 $SiNO_f/BN$ 复合材料的三维重构形貌,经过可视化处理后,可以观察到复合材料内部每一个位置的形貌特征。由图 4.19 可以看出,通过 X 射线断层摄影图像可以更清楚地观察到纤维束内部的闭孔。这是由

于 X 射线断层摄影技术是一种无损的检测方法,可以最大限度地还原材料内部的形貌特征。另外,还可以观察到纤维束间不规则的大孔隙,这些孔隙确实没有被密实填充,并且大多能通过扁长的孔隙与外部连接。

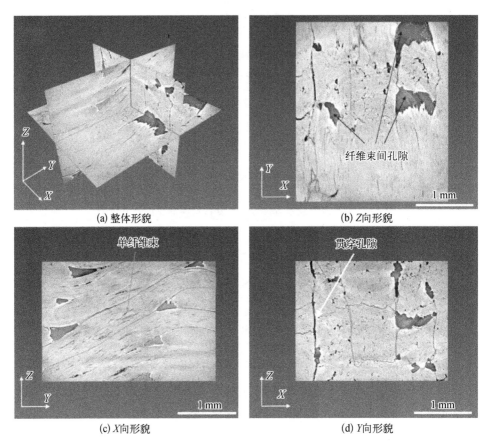

(a) 整体形貌　　　　　　　　　　　(b) Z向形貌

(c) X向形貌　　　　　　　　　　　(d) Y向形貌

图 4.19　SiNO$_f$/BN 复合材料的三维重构形貌及其内部孔隙的形貌

图 4.20 为通过图像分割选取不同类型孔隙的示意图,为易于图像分割和孔隙的统计分析,在样品的可视化三维重构过程中将纤维和基体视为一相,并视孔隙为单独一相。由图 4.20 可以看出,纤维束间的大孔隙和狭长的连接孔隙大多延伸到材料外部,说明大部分为开孔;而纤维束内的孔隙多为闭孔,且这些孔隙通常沿纤维的长度方向展开,呈现管状结构。管状微孔的直径在 20~30 μm,为纤维直径的 2~3 倍,长度可高达 300~400 μm,是直径的 30~40 倍。

在完成孔隙选取之后,如图 4.21 所示,可以将这些孔隙从复合材料的整

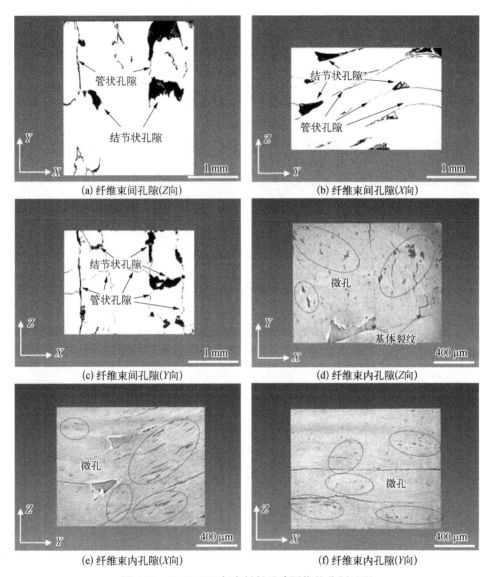

(a) 纤维束间孔隙(Z向)

(b) 纤维束间孔隙(X向)

(c) 纤维束间孔隙(Y向)

(d) 纤维束内孔隙(Z向)

(e) 纤维束内孔隙(X向)

(f) 纤维束内孔隙(Y向)

图 4.20 SiNO$_f$/BN 复合材料重建图像的分割过程

体形貌中分离出来,并获得每一个孔隙的形貌、大小及位置等信息。由图 4.21 可以看出,大孔一般都能与外界相连且形状不规则,而闭孔被孤立,且呈现较为规则的柱状形貌。通过计算,样品内部气孔的总体积占样品体积的 8.9%,即为复合材料总孔隙率。为进一步得出材料内部的闭孔率,将孔隙中的闭孔进一步筛选出来,结果如图 4.21(d)所示,这些闭孔的总体积占总孔隙率的

7.1%~9.3%。另外,可以得到这些闭孔的平均体积为 397 793.2 μm^3,这相当于直径为 20 μm、长度为 316.7 μm 的管状气孔的体积大小,与上文的图像分割结果一致。

(a) 总孔隙形貌　　　　　　　　　　　(b) 总孔隙形貌

(c) 标记后的孔隙形貌　　　　　　　　(d) 孤立的闭孔

图 4.21　复合材料内部孔隙的三维可视化结果

图 4.22 为 800~1 400℃制备的 $SiNO_f$/BN 复合材料的 XRD 谱图。由图 4.22 可以看出,随着制备温度的升高,复合材料中 BN 基体位于 25°附近处的衍射峰逐渐变得尖锐,且向高衍射角度偏移,同时 43°附近处的衍射峰向低衍射角度偏移,这表明材料中基体的结晶程度不断提高。由于高温裂解后 BN 的衍射强度显著提高,而 SiNO 纤维保持非晶态,其在 23°附近处的衍射峰逐渐被结晶性提高后的 BN 的衍射峰所覆盖。

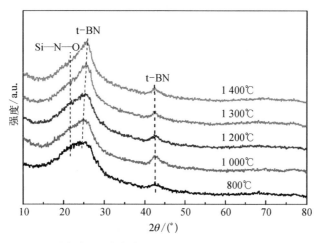

图 4.22　不同裂解温度制备的 SiNO$_f$/BN 复合材料的 XRD 谱图

图 4.23 为不同裂解温度制备的 SiNO$_f$/BN 复合材料的微观形貌。由图 4.23 可以看出,先驱体有效地填充了纤维之间的孔隙,纤维与基体之间结合紧密,说明液态先驱体对 SiNO 纤维具有良好的浸润性。BN 基体本身的致密度很高,且呈现出较为明显的层状结构形貌,随着裂解温度的升高,层片状形貌特征越来越明显,也表明其结晶程度不断提高。另外,纤维和基体之间没有发生明显的界面反应,说明两者具有较好的化学相容性。当制备温度升高到 1 400℃时,如

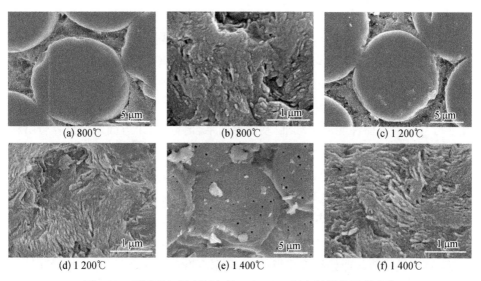

(a) 800℃　　　　(b) 800℃　　　　(c) 1 200℃

(d) 1 200℃　　　　(e) 1 400℃　　　　(f) 1 400℃

图 4.23　不同裂解温度制备的 SiNO$_f$/BN 复合材料的微观形貌

图 4.23(e)～图 4.23(f)所示,SiNO 纤维已发生明显的分解,这将严重影响复合材料的力学性能。

不同裂解温度制备的 SiNO$_f$/BN 复合材料的主要力学性能如表 4.9 所示。由表 4.9 可以看出,随着裂解温度的升高,复合材料的弯曲强度、弹性模量和断裂韧性均呈现先升高后降低的趋势。其中,1 000℃制备的复合材料的力学性能较优,平均弯曲强度、弹性模量和断裂韧性分别达到 138.2 MPa、28.6 GPa 和 5.18 MPa·m$^{1/2}$。当温度继续升高到 1 200℃时,复合材料的弯曲强度和弹性模量变化不大,但是断裂韧性较快地下降到 3.45 MPa·m$^{1/2}$。断裂韧性代表材料抵抗裂纹扩展的能力,可见此时复合材料的脆性有所增加。当温度继续升高到 1 300℃和 1 400℃时,复合材料的弯曲强度、弹性模量及断裂韧性均快速下降,说明纤维受到了较大的损伤。实际上,由前文纤维耐温性能的研究结果可知,纤维在 1 300℃以上开始发生分解,使纤维的性能迅速下降。

表 4.9　不同温度制备 SiNO$_f$/BN 复合材料的主要力学性能

制备温度/℃	弯曲强度/MPa	弹性模量/GPa	断裂韧性/(MPa·m$^{1/2}$)
800	113.9	26.7	4.68
1 000	138.2	28.6	5.18
1 200	127.4	27.8	3.45
1 300	92.3	19.4	2.32
1 400	33.8	12.1	1.19

影响复合材料力学性能的主要因素包括纤维与基体的本征性能、纤维/基体界面特性及孔隙等。在复合材料内,大孔隙的存在将变成应力集中点,往往成为裂纹的萌生处,也是材料失效的起始点。不同温度制备的 SiNO$_f$/BN 复合材料的孔隙率及孔隙结构基本一致,故其对复合材料的影响程度也相当。本书主要从纤维与基体的本征性能以及纤维/基体界面结合特性两个方面来分析复合材料力学性能随裂解温度的变化规律。

采用纳米压痕法对 SiNO$_f$/BN 复合材料中纤维和基体的原位弹性模量与显微硬度进行测试,结果列于表 4.10,变化趋势如图 4.24 所示。由图 4.24 可以看出,随着温度的升高,纤维和基体的弹性模量与显微硬度均呈现逐渐下降的趋势。其中,800℃制备的复合材料中纤维的弹性模量和显微硬度分别为 75.60 GPa 和 11.63 GPa,模量值与原始纤维相当;当制备温度升高到 1 000℃和 1 200℃时,纤维的弹性模量和显微硬度逐渐下降,但下降幅度较小,说明纤维受到了热损伤,且随制备温度的升高而有所加重;当制备温度继续升高到 1 300℃时,纤维开始分解,导致其弹性模量和显微硬度显著下降。

表 4.10 不同温度制备 SiNO$_f$/BN 复合材料中
纤维和基体的弹性模量与显微硬度

制备温度/℃	弹性模量/GPa		显微硬度/GPa	
	纤 维	基 体	纤 维	基 体
800	75.60	14.30	11.63	1.65
1 000	69.53	14.22	11.42	1.56
1 200	57.70	13.88	9.86	1.44
1 300	37.94	13.29	3.61	1.39

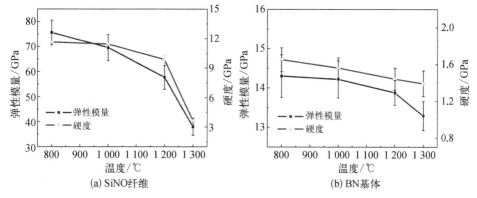

图 4.24 不同温度制备 SiNO$_f$/BN 复合材料中纤维和基体的原位弹性模量与硬度

纤维与界面的结合强度对裂纹的偏转和纤维的拔出有直接影响,通过单纤维顶出试验测试了不同温度制备的复合材料的纤维/基体的界面剪切强度,结果如图 4.25 所示。由图 4.25 可以看出,随着制备温度的升高,纤维/基体的界面剪切强度逐渐从 800℃时的 89.1 MPa 升高到 1 200℃时的 128.9 MPa。复合材料中界面的结合状态是由物理结合和

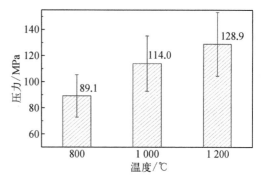

图 4.25 不同温度制备的 SiNO$_f$/BN 复合材料的纤维/基体界面剪切强度

化学结合共同决定的,前者主要与纤维的表面粗糙度以及纤维与基体的热不匹配程度有关,后者取决于纤维和基体之间是否发生了界面反应。

首先，由 SiNO 纤维的成分可知，其热膨胀系数应介于熔融石英（$0.54×10^{-6}/K$）和氮化硅陶瓷（$2.50×10^{-6}/K$），小于 BN 基体的热膨胀系数（$5.85×10^{-6}\sim8.52×10^{-6}/K$）。由此可见，纤维和基体之间存在较大的热不匹配，纤维/基体界面处的残余应力为对纤维的压应力，增加了界面结合强度；而随着制备温度的升高，BN 基体的热膨胀系数不断升高，导致热不匹配进一步加剧，界面处的物理结合不断加强。

其次，为考察纤维和基体之间是否发生了界面反应，对 1 000℃ 和 1 200℃ 制备的 $SiNO_f$/BN 复合材料中的纤维/基体界面进行 TEM 分析，结果分别如图 4.26 和图 4.27 所示。由图 4.26 和图 4.27 可以看出，纤维的表面有一层厚约 100 nm 的致密层，与内部纤维结合紧密，这可能是由于纤维在空气中发生非常缓慢的氧化，在表面生成了一层很薄的富氧层。此表面致密层厚度小，且与 SiNO 的组成接近，故在扫描电镜下无法观测到，而且随着制备温度的升高，表面层的成分可能进一步发生了变化，才与非晶纤维有了较为明显的形貌衬度差别。

当制备温度为 1 000℃ 时，如图 4.26 所示，纤维和基体界面结合紧密，但各自轮廓清晰可辨。SiNO 纤维的表层和内层结构均为非晶态结构，基体则由 BN 微晶和无定型形态共同组成，晶粒尺寸较小，分散在非晶相中。界面处纤维表面层与基体之间的结合十分紧密，且存在一层较薄（约 30 nm）的扩散区域，这说明液态先驱体对纤维具有一定的侵蚀性，在高温下纤维和基体发生了界面扩散，这将显著增强纤维与基体的界面结合。

当制备温度升高到 1 200℃ 时，如图 4.27 所示，纤维表面层中除非晶态结构外，还出现了少量的方石英微晶相，这说明表面富氧层在高温热处理下发生了结晶。基体的结晶程度也有了较大的提升，非晶相含量显著下降，但晶粒尺寸仍然较小。在界面处，升温不仅使扩散区域变大，还促进了扩散区内 BN 微晶的形成，微晶具有一定的钉扎作用，因此界面结合进一步增强。

综上，随着复合材料裂解温度的升高，纤维和基体的热不匹配加剧，同时界面处发生了扩散反应，这些共同导致了纤维/基体界面剪切强度的升高。

除了弯曲强度和断裂韧性，拉伸强度和剪切强度也是透波材料应用的重要指标。对 800~1 200℃ 制备的 $SiNO_f$/BN 复合材料的拉伸强度和剪切强度进行测试，结果如表 4.11 所示。1 000℃ 制备的复合材料具有较优的拉伸强度和剪切强度，分别为 93.6 MPa 和 14.3 MPa；继续升高制备温度，复合材料的拉伸强度和剪切强度均下降。

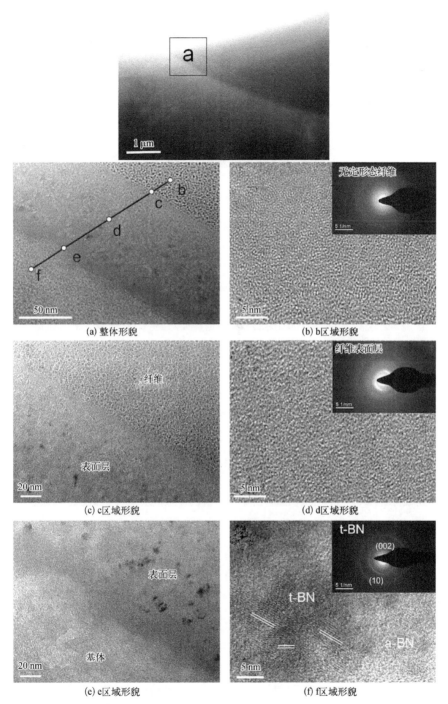

图 4.26　1 000℃制备 $SiNO_f$/BN 复合材料的纤维/基体界面 TEM 分析

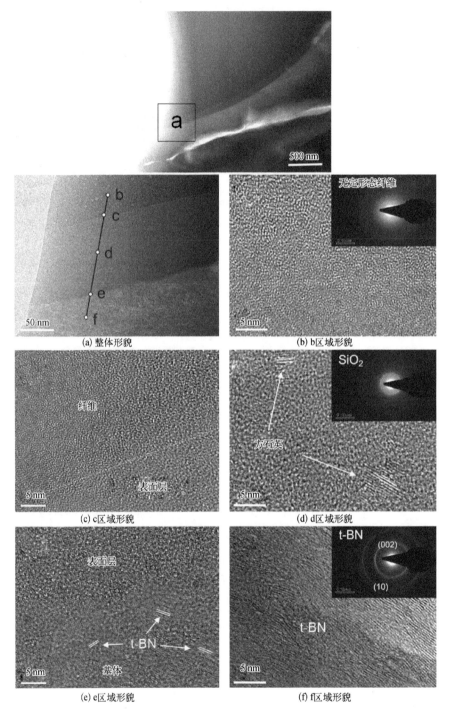

图 4.27 1 200℃制备 SiNO$_f$/BN 复合材料的纤维/基体界面 TEM 分析

表 4.11　不同温度制备的 SiNO$_f$/BN 复合材料的拉伸强度和剪切强度

制备温度/℃	拉伸强度/MPa	剪切强度/GPa
800	87.2	13.5
1 000	93.6	14.3
1 200	78.3	8.9

表 4.12 列出了 1 000℃制备的 SiNO$_f$/BN 复合材料在 800~1 200℃下的高温力学性能。由表 4.12 可以看出,SiNO$_f$/BN 复合材料具有良好的高温力学性能,在 800℃和 1 000℃下的弯曲强度分别为 126.4 MPa 和 110.7 MPa,强度保留率分别为 91.2% 和 80.1%,同时弹性模量保留率也达到了 92.3% 和 79.1%;当测试温度升高到 1 100℃时,弯曲强度和弹性模量下降低到 61.0% 和 58.0%;继续升高测试温度到 1 200℃,样品已经发生软化,失去承载性能。

表 4.12　SiNO$_f$/BN 复合材料的高温力学性能

测试温度 /℃	弯曲强度 /MPa	强度保留率 /%	弹性模量 /GPa	模量保留率 /%
RT	138.2	100	28.6	100
800	126.4	91.2	26.4	92.3
1 000	110.7	80.1	22.6	79.1
1 100	84.3	61.0	16.6	58.0
1 200	42.8	30.9	9.5	32.1

1 000℃制备 SiNO$_f$/BN 复合材料的高温弯曲载荷-位移曲线如图 4.28 所示。

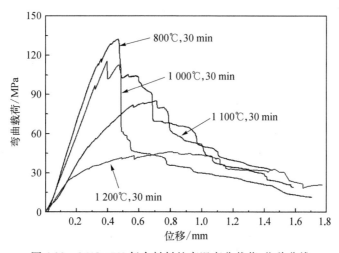

图 4.28　SiNO$_f$/BN 复合材料的高温弯曲载荷-位移曲线

由图 4.28 可以看出,当测试温度为 800℃和 1 000℃时,复合材料呈现出较大的脆性断裂趋势,这说明纤维的高温热损伤较为严重,脆性增加明显,导致增强增韧效果不明显。当温度升高到 1 100℃时,复合材料出现一定程度的软化,但断裂方式呈现较为明显的韧性断裂,说明玻璃态氧化硼发挥了黏滞效应,对纤维上的微裂纹有明显的愈合作用。在 1 200℃测试时,载荷-位移曲线中载荷已没有明显的断裂点,说明材料已严重软化,性能急剧下降。

表 4.13 列出了不同温度制备的 $SiNO_f/BN$ 复合材料的介电性能指标。由表 4.13 可以看出,$SiNO_f/BN$ 复合材料具有良好的介电性能,介电常数为 3.32~3.76,介电损耗为 0.003~0.007。$SiNO_f/BN$ 复合材料的热物理性能如表 4.14 所示。

表 4.13 不同温度制备 $SiNO_f/BN$ 复合材料的介电常数和损耗角正切

裂解温度/℃	介电常数	损耗角正切
800	3.32	0.007
1 000	3.38	0.003
1 200	3.76	0.004

表 4.14 不同裂解温度制备 $SiNO_f/BN$ 复合材料的热扩散率与热导率

裂解温度/℃	热扩散率/(mm²/s)	热导率/(W/(m·K))
800	0.855	0.951
1 000	0.919	1.040
1 200	1.064	1.216

4. 氮化硅颗粒增强氮化硼复合材料

在本节中,采用模压工艺、凝胶注模工艺,联合先驱体浸渍裂解工艺制备氮化硅颗粒增强氮化硼(Si_3N_{4p}/BN)基透波复合材料,对其工艺进行优化,并研究了其物相、微观结构以及基本性能[15]。

在模压工艺制备复合材料的研究中,采用 Si_3N_4 的陶瓷粉作为增强颗粒,研究了模压压力、保压时间和裂解温度对 Si_3N_{4p}/BN 复合材料力学性能的影响,并对复合材料的物相及微观结构、界面结构进行表征分析。

采用保压时间 4 min,裂解温度 1 500℃的固定参数,采用不同的模压压力,制备 Si_3N_{4p}/BN 复合材料,并研究模压压力对复合材料力学性能的影响,结果如表 4.15 所示,影响规律如图 4.29 的曲线所示。由图 4.29 可以发现,当模压压力≤100 MPa 时,Si_3N_{4p}/BN 复合材料的力学性能随模压压力的增加而提高,在模压压力达 100 MPa 时,复合材料的弯曲强度、弹性模量及断裂韧性均获得最大值。因此,可以将 100 MPa 作为复合材料制备的模压压力参数。

表 4.15　不同模压压力 Si_3N_{4p}/BN 复合材料的力学性能

模压压力/MPa	弯曲强度/MPa	弹性模量/GPa	断裂韧性/(MPa·m$^{1/2}$)
20	35.1	32.7	1.64
40	54.6	39.3	2.04
60	64.2	41.7	2.16
80	73.8	48.5	2.32
100	115.5	62.6	2.54
120	99.7	54.2	2.46

注:保压时间 4 min;裂解温度 1 500℃。

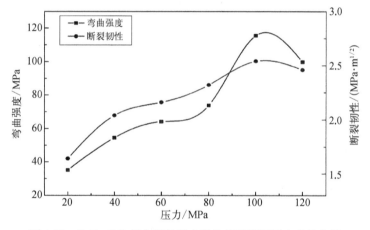

图 4.29　Si_3N_{4p}/BN 复合材料的力学性能随模压压力变化曲线

采用模压压力 100 MPa,裂解温度 1 500℃的固定参数,采用不同的保压时间,制备 Si_3N_{4p}/BN 复合材料,研究保压时间对复合材料力学性能的影响。结果如表 4.16 所示。

表 4.16　不同保压时间 Si_3N_{4p}/BN 复合材料的力学性能

保压时间/min	弯曲强度/MPa	弹性模量/GPa	断裂韧性/(MPa·m$^{1/2}$)
1	87.9	46.8	2.18
2	92.4	54.3	2.21
3	106.8	60.1	2.36
4	115.5	62.6	2.54

保压时间/min	弯曲强度/MPa	弹性模量/GPa	断裂韧性/(MPa·m$^{1/2}$)
5	114.3	58.7	2.52
6	116.8	64.2	2.53

注：模压压力 100 MPa；裂解温度 1 500℃。

由表 4.16 可以发现,当保压时间为 1~4 min 时,Si_3N_{4p}/BN 复合材料的力学性能随保压时间的增加而提高,在保压时间达到 4 min 后,复合材料的弯曲强度、弹性模量及断裂韧性基本达到稳定值。因此,将 4 min 作为复合材料制备的保压时间参数。

在确定了模压压力及保压时间参数后,研究不同裂解温度对复合材料力学性能的影响。采用 1 200~1 750℃ 的温度分别制备复合材料,并研究其力学性能,结果如表 4.17 所示,弯曲强度及断裂韧性的变化曲线如图 4.30 所示。

表 4.17　不同裂解温度 Si_3N_{4p}/BN 复合材料的力学性能

裂解温度/℃	弯曲强度/MPa	弹性模量/GPa	断裂韧性/(MPa·m$^{1/2}$)
1 200	78.3	46.2	2.14
1 300	92.4	51.9	2.23
1 400	100.0	55.2	2.44
1 500	115.5	62.6	2.54
1 600	128.7	67.9	2.72
1 700	160.6	72.3	3.02
1 750	219.1	75.5	3.24

注：模压压力 100 MPa；保压时间 4 min。

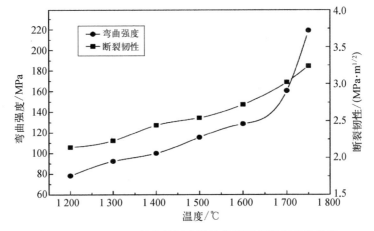

图 4.30　Si_3N_{4p}/BN 复合材料力学性能随裂解温度变化曲线

由结果可以发现,随着裂解温度的升高,复合材料的力学性能提高,在1 750℃时,获得最大值。采用 100 MPa 的模压压力、4 min 的保压时间,1 750℃裂解制备的 Si_3N_{4p}/BN 复合材料获得了较好的力学性能,其弯曲强度、弹性模量及断裂韧性分别为 219.1 MPa、75.5 GPa 及 3.24 MPa·m$^{1/2}$。

研究了 Si_3N_{4p}/BN 复合材料的高温力学性能,分别在 1 000~1 500℃的高温下,将采用压力模压 100 MPa、保压时间 4 min、在 1 750℃裂解的复合材料在空气气氛中放置 900 s 后,对其力学性能进行测试,结果如表 4.18 所示,曲线如图 4.31 所示。

表 4.18　Si_3N_{4p}/BN 复合材料的高温裂解的力学性能

测试温度/℃	弯曲强度/MPa	断裂韧性/(MPa·m$^{1/2}$)
25	219.1	3.24
1 000	184.9	4.22
1 100	172.8	4.32
1 200	164.5	4.4
1 300	156.3	4.46
1 400	129.5	4.51
1 500	127.4	4.56

注:模压压力 100 MPa;保压 4 min;1 750℃裂解。

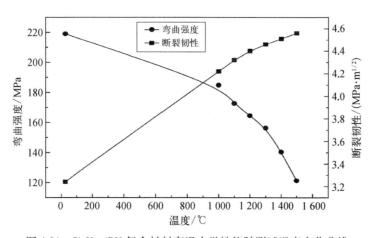

图 4.31　Si_3N_{4p}/BN 复合材料高温力学性能随测试温度变化曲线

由图 4.31 可以发现,随着环境温度的提高,复合材料的力学性能降低,在1 500℃的温度下,Si_3N_{4p}/BN 复合材料的弯曲强度及断裂韧性分别为 127.4 MPa与 4.56 MPa·m$^{1/2}$。

同时,对 Si_3N_{4p}/BN 复合材料的物相及其微观结构进行研究。对不同裂解温度的复合材料进行 XRD 表征,如图 4.32 所示。在不同的裂解温度下,复合材料的 XRD 谱图基本一致,均由 $\alpha - Si_3N_4$、$\beta - Si_3N_4$ 及 $h - BN$ 组成。根据谱图中特征衍射峰的强度,可通过公式 $R_{\beta,\text{wt}} = \dfrac{I_{\beta(101)} + I_{\beta(210)}}{I_{\beta(101)} + I_{\beta(210)} + I_{\alpha(210)} + I_{\alpha(102)}}$ 计算材料中 $\beta - Si_3N_4$ 在 Si_3N_4 陶瓷中的质量分数,计算结果如表 4.19 所示。

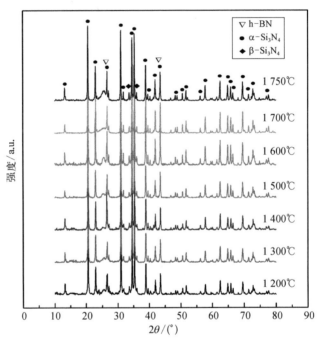

图 4.32　Si_3N_{4p}/BN 复合材料在不同裂解温度下的 XRD 谱图

表 4.19　不同裂解温度下 $\beta - Si_3N_4$ 的质量分数

温度/℃	原料粉体	1 200	1 300	1 400	1 500	1 600	1 700	1 750
$R_{\beta,\text{wt}}$/%	7.88	8.05	8.11	9.42	11.34	11.87	11.61	11.78

图 4.33 为 Si_3N_{4p}/BN 复合材料在不同裂解温度下断口形貌的扫描电镜图片。如图 4.33 所示,复合材料的形貌具有明显的特征,增强颗粒与基体紧密结合,层叠状形貌的裂解 BN 将 Si_3N_4 增强颗粒包覆,实现基体对增强颗粒的黏接。随着裂解温度的升高,裂解 BN 呈现层叠状形貌的明显度提高,这是由于随着裂解温度的升高,裂解得到的 BN 的结晶度提高,六方氮化硼类石墨的层状结构决定了其层叠状的形貌。此外,在断口处可以发现 Si_3N_4 颗粒的拔出,以及 BN 层叠状

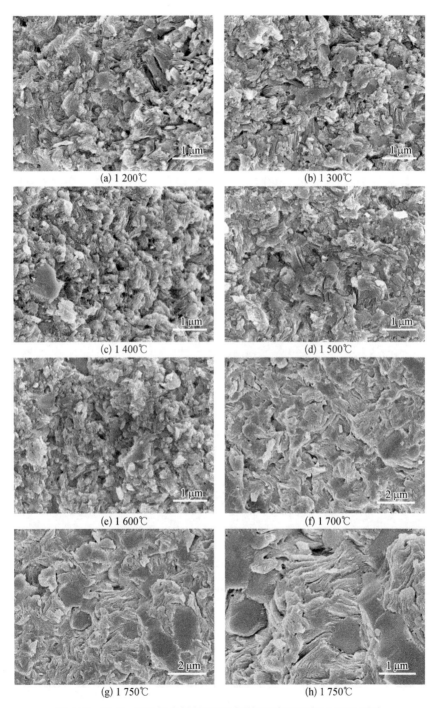

图 4.33　Si_3N_{4p}/BN 复合材料在不同裂解温度下的断口 SEM 图片

基体的撕裂与偏转,这表明了复合材料的增韧机制包括晶粒拔出、裂纹扩散与偏转,使得复合材料具有较好的力学性能。

图 4.34 为 1 750℃裂解的 Si_3N_{4p}/BN 复合材料的透射电镜照片。如图 4.34 所示,可清晰观察到 $\alpha - Si_3N_4$ 的(100)(101)晶面和 $h - BN$ 的(002)晶面。在复合材料边缘,裂解氮化硼不完整地涂覆在氮化硅颗粒表面,在复合材料内部,两相存在着相似的黏接结构。裂解氮化硼表现为三维无序和二维有序结构,这是由裂解氮化硼结晶不完全导致的。由此可知,Si_3N_{4p}/BN 复合材料的界面结构为两相的紧密黏接,但氮化硅、氮化硼两种陶瓷具有不同的力学本征性能,使得力学性能较好的氮化硅陶瓷颗粒能够发生晶粒拔出,而力学性能较差的氮化硼能够使裂纹发生扩散偏转。

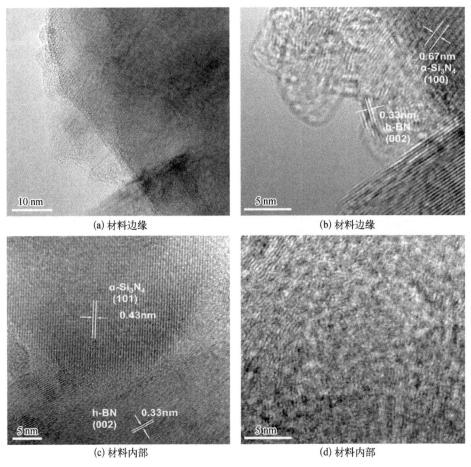

(a) 材料边缘　　　　　　　　　　　　(b) 材料边缘

(c) 材料内部　　　　　　　　　　　　(d) 材料内部

图 4.34　1 750℃裂解 Si_3N_{4p}/BN 复合材料的 TEM 图片

　　研究不同 Si_3N_4 含量对 Si_3N_{4p}/BN 复合材料力学性能的影响。采用凝胶注模工艺,对比 Si_3N_4 浆料体积分数分别为 30%、35% 和 40% 时复合材料的力学性能,复合材料裂解温度为 1 750℃,结果如图 4.35 所示,随着 Si_3N_4 含量的增加,复合材料的力学性能提高。为了保证 Si_3N_{4p}/BN 复合材料具有优良的介电性能,Si_3N_4 含量不宜过高,需综合考虑复合材料的力学性能与介电性能。

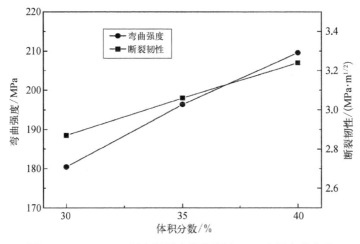

图 4.35　Si_3N_{4p}/BN 复合材料力学性能随 Si_3N_4 含量变化曲线

　　图 4.36 是典型 Si_3N_{4p}/BN 复合材料的介电性能曲线。可以看出,在 7~17 GHz 的测试频段中,Si_3N_{4p}/BN 复合材料的介电常数稳定在 4.5~4.6,损耗角正切均小于 0.002,体现出良好的介电性能。

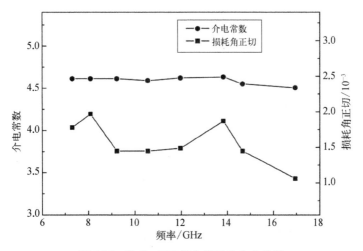

图 4.36　Si_3N_{4p}/BN 复合材料的介电性能

综上,将硼吖嗪作为陶瓷先驱体,通过浸渍裂解工艺,可制备出含有各种增强相(包括石英纤维、BN 纤维、SiNO 纤维及 Si_3N_4 颗粒等)的 BN 基透波复合材料。其中,以石英纤维织物为增强相的 SiO_{2f}/BN 复合材料工艺最为成熟,且可通过织物预制体的成型实现构件的近净成型,从而制备大尺寸异型复杂结构。

4.2.2　Si_3N_4基透波复合材料

本小节采用全氢聚硅氮烷(PHPS)作为氮化硅陶瓷先驱体,进行 Si_3N_4 基透波复合材料的制备。选取了多种增强体,包括石英纤维、氮化物纤维、氮化硅颗粒等,但是,考虑到目前阶段实际应用的可能,重点研究了石英纤维增强 Si_3N_4 基复合材料的制备工艺及其性能[16]。

根据对氮化硅先驱体全氢聚硅氮烷 PHPS 的研究,选用在氨气中裂解的工艺进行复合材料的制备。800℃和 600℃氨气气氛下裂解所制备的 SiO_{2f}/Si_3N_4 复合材料的理论与实际密度随 PIP 周期的增长曲线如图 4.37 所示。由图 4.37 可见,随着 PIP 循环次数的增加,复合材料密度逐渐增加,但增幅逐渐减小。800℃裂解的复合材料经过 3 个浸渍-裂解周期后的实际密度达 1.81 g/cm³,从第 4 个周期后,密度增长变得缓慢,5 个周期后复合材料密度为 1.96 g/cm³,此时孔隙率为 10.9%。600℃裂解的复合材料经过 5 个周期后实际密度为 1.83 g/cm³,孔隙率为 10.6%。由此可见,经过 5 个PIP 周期后,复合材料孔隙率仅为 10%左右,说明材料的致密化较快,致密度较高。

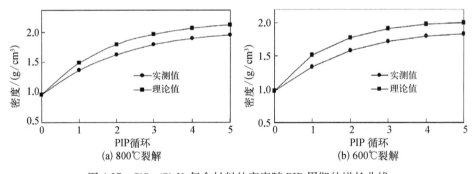

图 4.37　SiO_{2f}/Si_3N_4复合材料的密度随 PIP 周期的增长曲线

研究可知,随着裂解温度升高,PHPS 转化氮化硅陶瓷产物的密度也有所升高。PHPS 在 600℃下裂解产物密度为 1.90 g/cm³,低于 800℃时的裂解产物密度为 2.20 g/cm³,但 600℃时陶瓷产率较高(质量分数 98%),这是由氨气的氮化增重效应引起的。在 PIP 工艺制备 SiO_{2f}/Si_3N_4 复合材料的过程中,不同的陶瓷产率和陶瓷基体密度将导致不同的致密化行为,升高裂解温度可增加氮化硅陶瓷基体的密度,从而提高复合材料的密度。

除了温度,影响复合材料致密化行为的因素还有先驱体与石英纤维的润湿性、先驱体浸渍效率和材料的残余孔隙率等。SiO_{2f}/Si_3N_4复合材料断面的微观形貌如图 4.38 所示,可见纤维与先驱体裂解基体之间结合紧密,复合材料具有较高的致密度,仅有少量形状不规则的孔隙,其尺寸为几微米到几十微米。因为先驱体 PHPS 黏度低,流动性好,浸渍效率高,且石英纤维与先驱体之间具有良好的润湿性,所以先驱体可以有效地填充纤维束内部及纤维束之间的孔隙,在较高的陶瓷产率下转化得到致密的氮化硅基复合材料。孔隙的存在说明先驱体浸渍石英纤维织物时还存在不完全和不均匀现象。在浸渍、交联和裂解过程中材料内部形成了一部分闭孔,无法继续浸渍,留下永久性孔隙。因此,复合材料密度的增长随 PIP 周期的增加而变缓,且实际密度一直低于理论密度。

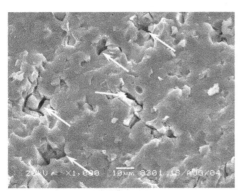

(a) 断面裂纹　　　　　　　　　　　　　(b) 断面孔隙

图 4.38　SiO_{2f}/Si_3N_4复合材料断面的微观形貌

图 4.39 为不同温度下制备的 SiO_{2f}/Si_3N_4复合材料的典型载荷-位移曲线。对于 800℃ 制备的复合材料,随着位移增加,载荷基本呈线性增加,直至最大载荷后突然下降;而 600℃ 制备的复合材料在最大载荷附近呈现锯齿状波动,然后呈缓慢的阶梯下降。

表 4.20 列出了 SiO_{2f}/Si_3N_4复合材料的性能,800℃ 制备的复合

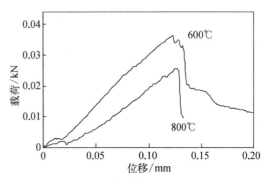

图 4.39　不同温度制备的 SiO_{2f}/Si_3N_4复合材料的典型载荷-位移曲线

材料密度较高,但其力学性能却不如600℃制备的复合材料,说明密度并不是影响复合材料力学性能的最主要因素。600℃下制备的材料强度略高于800℃下制备的材料,但是从弯曲强度的绝对值来看,在600℃时复合材料的强度也并不理想。

表 4.20　SiO_{2f}/Si_3N_4复合材料的性能

裂解温度/℃	密度/(g/cm³)	弯曲强度/MPa	弹性模量/GPa
800	1.96	33.5	16.3
600	1.83	45.4	23.8

　　复合材料的宏观性能与其微观结构密切相关,不同温度下制备的SiO_{2f}/Si_3N_4复合材料具有不同的力学性能,必然对应着不同的微观结构。图 4.40 为不同温度下制备的SiO_{2f}/Si_3N_4复合材料断面的微观形貌。其中,800℃裂解的材料断面平整,无任何纤维拔出[图 4.40(a)],为典型的脆性断裂;局部放大后[图 4.40(b)]

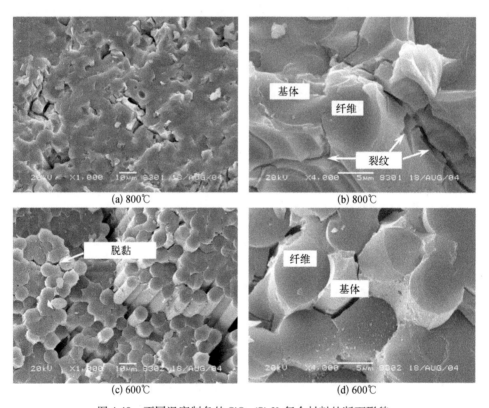

图 4.40　不同温度制备的SiO_{2f}/Si_3N_4复合材料的断面形貌

发现纤维断面平整,纤维与基体之间结合很强,几乎无法分辨纤维与基体的界面,在基体和纤维表面出现很多沿着或垂直于纤维轴向的微米级裂纹。600℃裂解的材料断面略显粗糙,纤维与基体界面清晰可辨,有少量纤维脱黏现象,纤维拔出也不明显,在纤维侧面发现有少量基体粘连,这是界面结合较强的表现。

纤维增强陶瓷基复合材料三点弯曲测试过程中,在外力作用下,脆性陶瓷基体首先开裂,若纤维/基体界面结合过强,则容易出现纤维与基体同时断裂的情况,导致材料突然失效,呈现灾难性破坏;当纤维/基体界面结合较弱时,在基体出现裂纹后,界面局部解离,纤维可以在裂纹面之间将碎裂的基体桥联起来,使复合材料继续承载,呈现非脆性断裂现象。通过载荷-位移曲线和断面 SEM 照片均可看出,800℃裂解材料的纤维与基体同时断裂,且全部纤维几乎在同一水平面上断裂,纤维增强作用没有得到发挥;而 600℃裂解的复合材料断面略显粗糙,有少量纤维断裂与脱黏现象,在抵抗外力变形过程中可吸收能量,纤维增强效果略好,所以力学性能较高。

先驱体的裂解过程是 PIP 工艺制备复合材料的关键,在这个过程中,聚合物经高温裂解转化成无机物,纤维与基体之间形成界面层,直接决定了所形成的界面组成和结构。先驱体裂解过程伴随着复杂的化学反应和结构变化,必然对石英纤维产生很大影响。从复合材料断面的微观形貌可以看出,纤维与基体发生了强烈的界面结合,纤维严重损伤,致使增强作用无法发挥。

图 4.41 为石英纤维和 SiO_{2f}/Si_3N_4 复合材料的 FT-IR 光谱图。为了增强可比性,此处的石英纤维是在氮气气氛下 800℃随炉处理的。对于石英纤维,在 1 099 cm^{-1}、800 cm^{-1}、470 cm^{-1} 处的吸收峰分别归属于 Si—O—Si 伸缩、弯曲和 O—Si—O 弯曲振动。因为红外测试对样品的需求量很小,且复合样品中石英纤维的体积分数较高,所以红外光谱图中最强的峰仍是位于 1 099 cm^{-1} 处的 Si—O—Si 峰,而没有发现归属于氮化硅基体的 Si—N—Si 峰(930 cm^{-1});此外,Si—O—Si 伸缩振动峰与 Si—N—Si 峰位置接近,强 Si—O—Si 峰也可能把本应独立的 Si—N—Si 峰掩盖,出现重叠,导致峰形变宽。与石英纤维相比,SiO_{2f}/Si_3N_4 复合材料的 Si—O—Si 弯曲振动峰向高波数方向漂移了 31 cm^{-1},同时 1 099 cm^{-1} 和 831 cm^{-1} 处两个峰明显变宽,并有连接成一个宽吸收带的趋势,这可能是由二氧化硅纤维和氮化硅基体发生化学反应生成新的复杂结构所致的。根据文献分析,硅氧氮的红外吸收峰位于 1 080 cm^{-1} 和 835 cm^{-1} 之间,且依赖氧和氮的相对含量,随着氧(氮)含量增加(减少),吸收峰位置朝着高波数方向移动。考虑到研究的对象为石英纤维和先驱体转化而来的氮化硅基体,红外

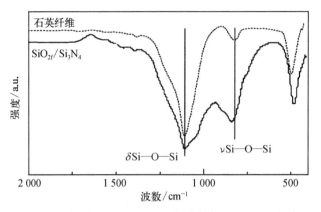

图 4.41　石英纤维和 SiO_{2f}/Si_3N_4 复合材料的 FT-IR 光谱图

吸收峰变宽最有可能是由纤维/基体界面化学反应产生的硅氧氮所造成的。

图 4.42 为 SiO_{2f}/Si_3N_4 复合材料的 $^{29}Si-MAS-NMR$ 谱图。在 -110 ppm 和 -43 ppm 附近有两个宽峰,分别归属于非晶二氧化硅($\alpha-SiO_2$)和 PHPS 转化非晶氮化硅($\alpha-Si_3N_4$),即 SiO_{2f}/Si_3N_4 复合材料中的石英纤维和氮化硅基体均为非晶态。在 -90 ppm 处发现一个肩峰,应当归属于 $SiNO_3$,在 -63 ppm 处的峰证明了 SiN_3O 基团的存在,因此 800℃ 裂解制备的 SiO_{2f}/Si_3N_4 复合材料中存在硅氧氮结构。

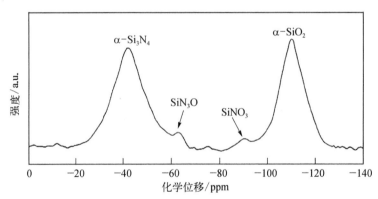

图 4.42　SiO_{2f}/Si_3N_4 复合材料的 $^{29}Si-MAS-NMR$ 谱图

硅氧氮陶瓷的研究已十分广泛,常用的制备方法有硅粉或二氧化硅直接氮化、氮化硅氧化、二氧化硅和氮化硅直接烧结。在本节中,石英纤维被先驱体及其裂解陶瓷基体所包围,石英纤维表面无法和裂解气氛 NH_3 长时间充分接触,加之较低的制备温度(800℃),可排除二氧化硅被氨气氮化或二氧化硅与氮化硅直接反应形成硅氧氮的可能;此外,在高纯氨气气氛下裂解,可排除先驱体裂解氮化硅基体被氧化的可能。因为石英纤维的比表面积大,复合材料中纤维/基体的界面面积是巨大的,根据前面关于 SiO_{2f}/Si_3N_4 复合材料的场发射扫描电镜(FESEM)、FT－IR 和 ^{29}Si－MAS－NMR 研究,所以可断定硅氧氮存在于纤维/基体的界面区,并来源于纤维与基体的界面反应。

陶瓷基复合材料必须具有良好的介电性能,才能达到天线罩材料的透波要求。经测试,制备的 SiO_{2f}/Si_3N_4 复合材料介电常数为 3.75,介电损耗角正切为 0.005,介电性能优良。因为采用了介电性能优异的石英纤维作增强相,去除了纤维表面的有机浸润剂,又将 PHPS 在氨气气氛下裂解得到了近化学计量比的低碳含量的氮化硅基体,有效地控制了复合材料中的残余碳,所以复合材料具有良好的介电性能。

综上,通过采用自合成的 PHPS 为原料,制备了石英纤维增强氮化硅基透波复合材料,且具有良好的介电性能。但是,先驱体 PHPS 在裂解过程中与石英纤维发生了一定程度的界面反应,导致纤维表面发生了损伤,且产生了较强的界面结合,这使得 SiO_{2f}/Si_3N_4 复合材料的整体力学性能不高。

4.2.3　Si－B－N 基透波复合材料

以聚硼硅氮烷(PBSZ)为先驱体制备 Si－B－N 基透波复合材料。同样,选取了最具代表性的石英纤维织物作为增强体,来进行复合材料的制备及性能研究。聚硼硅氮烷由硼吖嗪和全氢聚硅氮烷混杂共聚而成,其交联裂解特性与硼吖嗪和全氢聚硅氮烷类似,因此 $SiO_{2f}/Si－B－N$ 复合材料的致密化过程与 SiO_{2f}/BN 和 SiO_{2f}/Si_3N_4 两种复合材料的制备工艺过程类似,约 4 次 PIP 循环即可实现材料的致密化。

在合成先驱体时,通过调节合成 PBSZ 时硼吖嗪与全氢聚硅氮烷的比例,可以得到不同氮化硼和氮化硅含量的氮化物基体,进而调节复合材料的综合性能。采用 2.5D A 型石英纤维织物为增强体,在 800℃裂解,经 4 次 PIP 循环得到的氮化物复合材料的基本性能如表 4.21 所示。

表 4.21　不同 Borazine 与 PHPS 体积比制备的石英/氮化物复合材料的典型性能

Borazine 与 PHPS 体积比	密度 /(g/cm³)	弯曲强度 /MPa	弹性模量 /GPa	介电常数	损耗角正切
1：0	1.76	121.8	23.5	3.05	0.003
1：0.05	1.79	130.6	23.6	3.12	0.003
1：0.1	1.83	148.4	25.7	3.20	0.003

Borazine 与 PHPS 体积比	密度 /（g/cm³）	弯曲强度 /MPa	弹性模量 /GPa	介电 常数	损耗角 正切
1：0.2	1.86	72.7	20.4	3.43	0.004
1：0.5	1.91	48.2	21.3	3.51	0.004
1：1	1.93	41.0	18.2	3.68	0.005
0：1	1.95	34.5	16.3	3.75	0.005

由表 4.21 可以看出，Si－B－N 基透波复合材料具有良好的可设计性。通过调节 Borazine 与 PHPS 的体积比，可得到不同性能的透波复合材料。随着 PHPS 含量的增加，复合材料基体中氮化硅的含量增加，复合材料的密度、力学性能、介电常数等也提高。不过，当 PHPS 的含量提高至一定比例时，PHPS 对纤维的腐蚀逐渐显现出来，从而导致复合材料的力学性能下降。通过优化 Borazine 与 PHPS 的比例，可以设计出一系列不同性能的透波材料，从而为不同应用背景的透波部件提供原材料选择和设计的空间。

同时，从表 4.21 中可以看出，当 Borazine 与 PHPS 的体积比为 1：0.1 时，所得的复合材料具有相对良好的综合性能。

针对不同的应用环境，以及透波部件制导方式和透波频段的不同，根据需要，可以通过对原材料的结构形式及制备工艺参数的调节，实现对复合材料的介电性能的控制。例如，可以通过选择不同的石英纤维（如实心纤维、空心纤维等）、不同的纤维织物编织参数（如体积含量、方向分配等）、不同的复合工艺（如交联工艺、循环次数等）等方法，对复合材料的密度和介电常数进行调节。

对于宽频制导的导弹和飞行器，对透波部件的介电性能提出了极为苛刻的要求。针对低介电宽频透波材料，本节系统进行了采用空心石英纤维织物作为增强体制备 SiO_{2f}/Si－B－N 复合材料的研究，以达到降低复合材料介电常数，进而提高宽频透波性能的目的。典型的空心纤维增强 SiO_{2f}/Si－B－N 复合材料的微观形貌如图 4.43 所示。

采用空心纤维增强 SiO_{2f}/Si－B－N 复合材料制备单层薄壁结构的平板，以考察其宽频透波特性。根据材料的具体介电常数，对罩壁厚度进行优化计算，同时兼顾天线罩导引头中心频率处对透波率的要求，确定了满足宽频带透波性能要求的最佳厚度。宽频透波性能的测试结果如图 4.44 所示。由图 4.44 可以看出，在 2~18 GHz 的测试频率，材料的透波率均大于 60%，部分频段甚至超过了 90%，表现出良好的宽频透波性能。

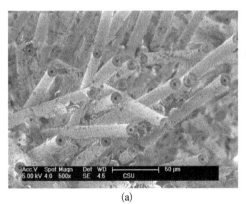
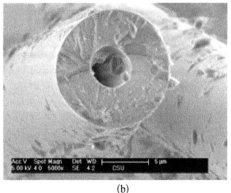

(a)　　　　　　　　　　　　　　　(b)

图 4.43　空心纤维增强 $SiO_{2f}/Si-B-N$ 复合材料的微观形貌

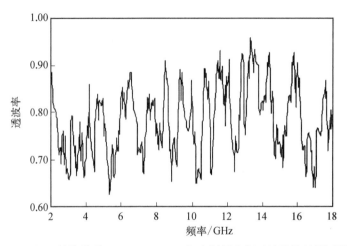

图 4.44　空心纤维增强 $SiO_{2f}/Si-B-N$ 复合材料宽频透波性能的测试结果

　　同时,对于毫米波频段,本节同样采用空心纤维增强 $SiO_{2f}/Si-B-N$ 复合材料来制备天线罩模拟件,其在 Ka 波段的透波性能如图 4.45 所示。由图 4.45 可以发现,样件在 Ka 波段的透波率高于 60%,在中心频点处透波率达到 90% 以上,体现出良好的透毫米波特性,为毫米波制导技术的应用和发展奠定了材料基础。

　　在高马赫数导弹和飞行器中,天线罩除了需具备良好的力学性能和透波性能,还需满足抗烧蚀性能的要求。$SiO_{2f}/Si-B-N$ 复合材料的基体成分主要为氮化物陶瓷,其分解或升华的温度均较高,且具有较高的反应潜热,因此理论上应具有良好的抗烧蚀性能。

　　采用平头驻点烧蚀、轨道模拟烧蚀、氧乙炔烧蚀、气氧-煤油发动机烧蚀等方式,对 $SiO_{2f}/Si-B-N$ 复合材料的抗烧蚀性能进行考察,并研究复合材料在烧蚀

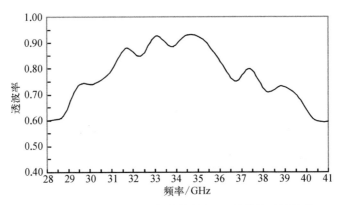

图 4.45　$SiO_{2f}/Si-B-N$ 复合材料在 Ka 波段的透波性能

前后形貌及结构的变化。其中，$SiO_{2f}/Si-B-N$ 复合材料在平头驻点烧蚀和轨道模拟烧蚀后的形貌如图 4.46 所示。该烧蚀试验表明，$SiO_{2f}/Si-B-N$ 复合材料的烧蚀表面光滑平整，宏观上无明显熔融层的存在，这对减小天线罩的瞄准误差和瞄准误差斜率有着非常重要的意义[17]。

(a) $SiO_{2f}/Si-B-N$ 复合材料驻点烧蚀

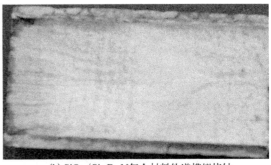

(b) $SiO_{2f}/Si-B-N$ 复合材料轨道模拟烧蚀

(c) SiO_{2f}/SiO_2 复合材料驻点烧蚀

(d) SiO_{2f}/SiO_2 复合材料轨道模拟烧蚀

图 4.46　$SiO_{2f}/Si-B-N$ 复合材料和 SiO_{2f}/SiO_2 复合材料的驻点烧蚀和轨道模拟烧蚀形貌

　　经过氧乙炔烧蚀试验后,复合材料的表面同样平整光滑,颜色比烧蚀前略白。表面的微观形貌照片如图 4.47 所示。在表面已经观察不到石英纤维的存在,而是包覆了一层薄薄的熔融物。熔融层的厚度为 20~50 μm。显然,熔融物是由石英纤维在高温下熔化并四处流动所致的。

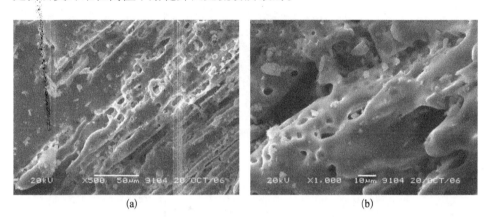

(a)　　　　　　　　　　　　　　(b)

图 4.47　$SiO_{2f}/Si-B-N$ 复合材料复烧蚀后的表面形貌

　　对烧蚀后复合材料的纵断面(垂直于烧蚀表面)进行观察,结果如图 4.48 所示。从图 4.48 可以看出,靠近烧蚀表面的区域与材料内部的形貌有所不同。按照形貌的区别,大致可分为 A、B 和 C 三个区域,分别标于图 4.48(a)中。其中,A 区为熔融石英层,即石英纤维在高温下熔化后附着在表面的区域;B 区为烧蚀区,即 $SiO_{2f}/Si-B-N$ 复合材料在气流和热流的冲刷与加热下发生了一定烧蚀的区域;C 区为未烧蚀区,即热流无法渗透到此处,温度较低,是材料未发生明显变化的区域。图 4.48(b)和(c)的大体位置在图 4.48(a)中用白色方框标出。通过观察可知,A 区基本上都是熔融物;B 区为 $SiO_{2f}/Si-B-N$ 复合材料(主要是氮化物基体)和熔融物的混合物,其中出现了较多的孔隙;C 区则为较致密的 $SiO_{2f}/Si-B-N$ 复合材料,仍能观察到形状完好的石英纤维。

　　通过分析可知,烧蚀是一个从材料表面到材料内部逐渐渗透的过程。当受到热流的作用时,表面的物质会随之发生变化,或分解,或升华,或与空气中的组分发生反应,从而使材料发生烧蚀;同时,热量会通过材料的气孔向内部渗入,或由材料自身向内部传导,使得表面以下一定距离的温度升高。随着温度的升高,材料会发生相变或化学反应,在吸收一定热量的同时,材料自身的结构也发生了变化。对于 $SiO_{2f}/Si-B-N$ 复合材料,氮化物的升华、分解或氧化均会带走大量的热量,从而对材料内部进行保护;而石英纤维在熔化时,不仅吸收热量,还会将

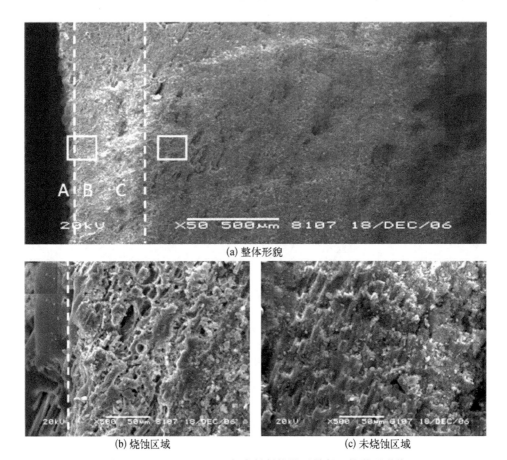

(a) 整体形貌

(b) 烧蚀区域　　　　　　　　　　　　　　(c) 未烧蚀区域

图 4.48　$SiO_{2f}/Si - B - N$ 复合材料烧蚀后纵断面的微观形貌

熔融物包覆在复合材料表面,从而提供一个较致密的保护层,有效地阻止热流向内部的扩散,减少材料的烧蚀量。因此,$SiO_{2f}/Si - B - N$ 复合材料具有良好的耐烧蚀性能。

对烧蚀后复合材料表面的物质进行 XRD 分析,如图 4.49 所示。显而易见,在复合材料表面,受高温的作用,基体中的 BN 已经结晶,而 Si_3N_4 已经发生了分解;表面的熔石英则仍是无定形状态。石英玻璃的析晶速度很慢,而且只能在表面形核,因此当石英纤维熔融之后,其比表面积大大减小,这就减小了形核的可能性;而且,烧蚀是一个快速加热的过程,在此阶段,石英纤维发生了熔融,烧蚀结束后,试样处于开放的环境中,且表面温度与室温相差很大,因此冷却的过程也十分迅速。因此,$SiO_{2f}/Si - B - N$ 复合材料在烧蚀之后表面的熔石英仍为无定型态。

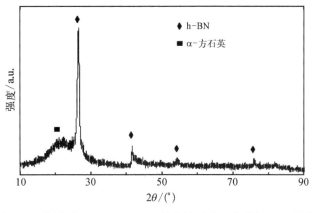

图 4.49　烧蚀后 $SiO_{2f}/Si-B-N$ 复合材料表面物质的 XRD 谱图

综上, $SiO_{2f}/Si-B-N$ 复合材料具有良好的热、力、电综合性能。其典型的性能指标如表 4.22 所示。

表 4.22　典型的 $SiO_{2f}/Si-B-N$ 复合材料的性能指标

测 试 项 目		A 型纤维增强	空心纤维增强
密度/(g/cm³)		1.83	1.42
介电常数(7~18 GHz,18~1 200℃)		3.16~3.44	2.98~3.09
损耗角正切(7~18 GHz,18~1 200℃)		0.000 2~0.003	0.000 2~0.003
常温母向拉伸强度/MPa		115	102
800℃母向拉伸强度/MPa		123	108
常温母向弯曲强度/MPa		148	115
800℃母向弯曲强度/MPa		161	117
母向压缩强度/MPa		85	63
环向压缩强度/MPa		213	165
常温弹性模量/GPa		25.7	21.5
800℃弹性模量/GPa		23.1	20.8
200℃比热容/[kJ/(kg·K)]		0.98	0.86
200℃热导率/[W/(m·K)]		0.63	0.56
25~800℃线膨胀系数/(×10⁻⁶/K)		0.578	0.462
线烧蚀率/(mm/s)	平头驻点 1	0.91	—
	平头驻点 2	0.32	—
	平头驻点 3	0.19	—
	轨道模拟	0.12	—
	氧乙炔	0.11	—
	煤油发动机	0.007	—

近年来,作者科研团队针对中远程高马赫数抗烧蚀透波材料和长航时耐高温透波材料,开展了多种新型氮化物透波复合材料的设计、工艺和性能研究,包括 Si_3N_{4f}/BN、Si_3N_{4f}/SiO_2、Si_3N_{4f}/SiO_2·BN、BNNT/BN、BNNT/Si_3N_4、Al_2O_{3f}/BN、SNNW/Si_3N_4、SNNW/BN、Sialon - BN、Si_3N_4·Si_2N_2O 等多种体系,表现出优异的综合性能和良好的应用前景,详见参考文献[18 - 29],在此不一一详述。

4.3　复合材料界面控制技术

4.3.1　纤维增强复合材料界面基本理论

在纤维增强陶瓷基复合材料中,纤维与基体间的结合界面尤为关键。当界面结合过强时,复合材料将发生脆性破坏,可靠性差;当界面结合过弱时,将影响载荷传递,纤维起不到有效的增强作用,导致强度较低。此外,在材料的制备或使用过程中,纤维与基体还可能发生界面反应,导致纤维损伤,致使材料失效。因此,界面的优化控制成为一个非常值得关注的科学问题。

复合材料的增强相与基体相之间界面的性质会对复合材料的整体性能产生极为重要的影响。理想的界面相应具备多种功能,包括有效传递载荷、缓解界面应力、抑制元素扩散、保护增强纤维等。需要特别指出的是,界面相还应起到"松黏层"的作用,即当材料所受载荷过大时,界面能够适时地发生脱黏,使扩展到界面的基体裂纹发生偏转,从而对材料起到一定的保护作用,增强其可靠性。

纤维增强陶瓷基复合材料的断裂过程中,基体首先产生裂纹,当裂纹扩展至纤维/基体界面时,会发生三种不同的裂纹扩展方式,出现图 4.50 所示的不同的断裂行为[30,31]。一是界面结合过弱,导致裂纹在基体中扩展过快,载荷无法有效地传递到增强纤维上,复合材料发生非积聚型破坏,强度低而韧性高[图 4.50(a)];二是当纤维与界面结合过强时,裂纹将贯穿纤维,导致复合材料发生脆性断裂[图 4.50(b)];三是当纤维与界面结合较为适中时,裂纹在界面处发生偏转并继续保持良性扩展,纤维有效发挥纤维桥联和纤维拔出等增强增韧机制[图 4.50(c)]。

在陶瓷基透波复合材料的制备过程中,增强纤维的耐温性和结构稳定性通常有限,而基体的先驱体又具有较高活性和侵蚀性,因此最常发生的现象是纤维与基体因发生界面反应而结合过强,导致复合材料整体性能偏向脆性断裂。由此可见,为有效发挥纤维增强复合材料的优势,在尽量降低增强纤维的热损伤的

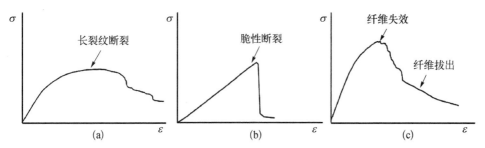

图 4.50 纤维增强陶瓷基复合材料的典型弯曲应力-应变曲线[30]

同时,应保证纤维和基体之间不发生强界面反应。Zok 的[32] 研究表明,在氧化物纤维增强的复合材料,通常可通过三种方式诱导纤维实现增强增韧效果,如图 4.51 所示:① 引入界面相涂层;② 采用多孔基体;③ 在纤维和基体之间生成间隙界面相。其中,多孔基体的方式可用于氧化物陶瓷基复合材料,但工艺过程较为复杂。间隙界面相的工艺过程:先在纤维束制备一层碳涂层,在复合材料制备完成后烧除碳涂层即可,因此也称为牺牲碳界面相,但不适于透波复合材料中[33]。目前,在透波陶瓷基复合材料中,引入氮化硼界面相涂层是最常用的强韧化方法,既可隔绝纤维与基体的直接接触,又可利用氮化硼的层状结构特性实现弱界面结合,得到了较为广泛的应用。

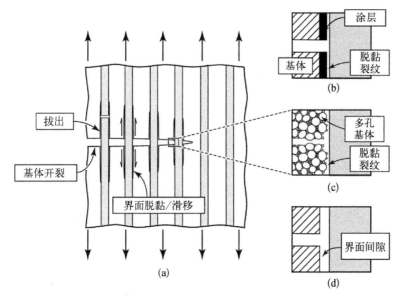

图 4.51 氧化物陶瓷纤维增强陶瓷基复合材料的强韧化技术[32]

大量的研究表明,纤维涂层是一种行之有效的界面控制途径。它作为界面的涂层,必须与纤维和基体均具有良好的相容性,同时要求具有一定的高温稳定性。此外,涂层还必须具有较低的剪切强度,以使裂纹可在适当时机发生偏转。适用的纤维涂层主要有裂解碳、六方氮化硼(h-BN)、复杂氧化物等。其中,裂解碳、复杂氧化物等涂层材料由于介电性能,不适用于透波材料;而六方氮化硼具有比裂解碳更优的抗氧化能力及合适的机械强度,同时具有优异的介电性能,使其成为目前高温透波陶瓷基复合材料中最理想的界面层材料之一。

氮化硼涂层的制备方法主要有硼酸溶液浸渍(dip-coating)法和化学气相沉积法两种,后者根据原料不同,可分为单组元和多组元先驱体法[34]。

dip-coating 法通过对液相硼酸溶液的固化物进行氮化制得 BN 涂层,具有工艺简单、成本低、无毒等优点,是氮化硼涂层研究的一个热点[35,36]。其主要工艺是将纤维去除表面胶后,浸渍硼酸和尿素的溶液,经干燥后在氮气或者氨气中于1 000℃左右进行氮化处理,一般经过 3 或 4 次的重复浸渍后可获得连续致密的涂层。Liu 等[37]还将 dip-coating 法与溶胶-凝胶法相结合,在 SiC 纤维表面制备了更为密实连续的 BN 涂层。

CVD 法是制备光滑均匀的高质量 BN 界面相涂层的常用方法。CVD 法的主要原料为 BCl_3+NH_3 或者 BF_3+NH_3[38,39]。当在低温下沉积时,通常可得到呈各向相同性的涡轮状 BN 涂层,其抗潮性能和抗氧化性能比较有限,但对纤维的化学损伤小。对沉积后的涂层在 1 000~1 850℃进行高温热处理,可进一步提高沉积涂层的结晶性和抗氧化性能,并降低 C、O 等杂质含量[40,41]。在 1 800℃以上的高温进行低压 CVD 法沉积则可以得到层状、高结晶的 BN 涂层,其抗氧化性能也相应提高,但纤维的热损伤明显。该体系的不足之处是所用气体毒性大,且其沉积副产物如 HCl、HF 等气体是强腐蚀性气体,对纤维也会造成较大的化学损伤。Demin 等[42]和 Li 等[43,44]以硼吖嗪作为 CVD BN 涂层的单独先驱体,在较低的温度(900℃)即可沉积得到结晶性良好的 BN 涂层,且涂层致密均匀,在基体表面呈现各向异性排布;继续升高沉积温度至 1 450℃以上,可以获得定向排布的 BN 涂层和块体陶瓷,其沉积温度要明显低于 BCl_3+NH_3 体系,是一种非常有优势的 CVD BN 制备方法。

4.3.2　CVD BN 形核过程的理论分析

CVD 法工艺制备 BN 涂层是一个十分复杂的物理化学过程,BN 的沉积过程包括晶体的形核和生长。沉积温度是化学气相沉积法的一个重要工艺参数,其高低决定着先驱体热解反应的速率和无机化程度,与涂层的临界形核半径、临界形核自由能和形核速率等形核过程中的参数及晶粒长大速度有关,控制着涂层的生长机制,因此温度不仅对沉积涂层的显微结构有重要影响,而且决定着涂层的组成与结构。

沉积温度对涂层微观形貌的影响可以从涂层生长过程中温度对形核和晶粒长大作用的角度来分析[45,46]。CVD BN 涂层的形成过程可以看成从气相先驱体中凝结形成固相 BN 的过程,固相 BN 的形成首先需要形成晶粒的核心,假设 BN 晶粒的核心为球形,当从过饱和气相中析出一个球形晶核时,体系自由能的变化包含相变自由能和界面能两部分。

$$\Delta G = \frac{4}{3}\pi r^3 \Delta G_V + 4\pi r^2 \gamma \tag{4.1}$$

$$\Delta G_V = \frac{-kT}{\Omega}\ln\frac{P_V}{P_S} \tag{4.2}$$

式中,r 为晶核的半径;ΔG_V 为单位体积的固相在凝结过程中的相变自由能之差;g 为固相核心的单位面积的界面能;P_V、P_S 分别是固相平衡蒸气压和气相的过饱和蒸气压;Ω 是原子的体积。

令 $S = (P_V - P_S)/P_S$,S 是气相的过饱和度,则式(4.2)可以改写成

$$\Delta G_V = -\frac{kT}{\Omega}\ln(1 + S) \tag{4.3}$$

当 ΔG 达到最大值,即晶核达到临界尺寸时,存在

$$\left.\frac{\partial \Delta G}{\partial r}\right|_{r=r_c} = 8\pi r_c \gamma + 4\pi r_c^2 \Delta G_V = 0 \tag{4.4}$$

$$r_c = -\frac{2\gamma}{\Delta G_V} \tag{4.5}$$

当 $r < r_c$ 时,热涨落过程中形成的新相核心将处于不稳定状态,会再次消失;当 $r \geq r_c$ 时,新相核心可以稳定存在并继续生长,从而使系统自由能不断下降。当 $r = r_c$ 时,系统的自由能变化为

$$\Delta G|_{r=r_c} = \frac{16\pi\gamma^3}{3\Delta G_V^2} \tag{4.6}$$

　　临界形核半径 r_c 随温度的变化取决于相变自由能 ΔG_V 和新相表面能 γ 随温度的变化情况。晶核的形成要有一定的过冷度,即温度 T 一定要低于 T_g,其中, T_g 为固相晶核与气相保持平衡时的温度;令 $\Delta T = T_g - T$,为涂层沉积时的过冷度。气相过饱和度 S 与温度 T 有如下关系:

$$\ln S = \frac{\Delta H_{T_g}}{R}\left(\frac{1}{T} - \frac{1}{T_g}\right) = \frac{\Delta H_{T_g} \cdot \Delta T}{RT \cdot T_g} \tag{4.7}$$

式中, ΔH_{T_g} 为气相平衡温度 T_g 时的蒸发热。在平衡温度 T_g 附近 $T_g \approx T$,因此式(4.7)可变为

$$S = \exp\left(\frac{\Delta H_{T_g} \cdot \Delta T}{RT_g^2}\right) \tag{4.8}$$

将式(4.8)代入式(4.3),可得

$$\Delta G_V = \frac{-kT}{\Omega}\ln\left[1 + \exp\left(\frac{\Delta H_{T_g} \cdot \Delta T}{RT_g^2}\right)\right] \tag{4.9}$$

对于临界晶核的形成速率,有如下关系:

$$I = z \cdot \exp\left(-\frac{\Delta G\,|_{\,r=r_c}}{kT}\right) \tag{4.10}$$

式中, z 为常数。

　　由式(4.5)、式(4.6)、式(4.9)、式(4.10)可知,当温度升高时,即过冷度减小时,临界形核自由能降低,临界形核半径将增加,同时形核速率将减小,因此晶粒形核将更加困难,而晶粒长大的速率将增大;反之,当温度降低时,晶粒形核将变得更加容易,而晶粒长大速率相对较慢。因此,当沉积温度较低时,临界形核自由能的势垒小,临界形核半径小,形核速率高,容易形核,形成的晶粒核心数目多,且晶粒长大速度相对较慢,这有利于形成晶粒细小且连续的光滑致密涂层;相反,当沉积温度较高时,晶粒的临界形核半径增大,形核速率低,基底表面形成的核心数目相对较少,而且在较高温度下晶粒的长大速度较快,晶核一旦形成,便迅速长大,因此涂层表面显得很粗糙。

4.3.3　纤维表面 CVD BN 涂层的表征

　　以硼吖嗪为先驱体,采用 CVD 法在石英纤维和 SiNO 纤维表面成功制备出

均匀的 BN 涂层,其形貌如图 4.52 和图 4.53 所示。由图 4.52 和图 4.53 可以看出,CVD BN 涂层可以很好地渗透进入纤维束内部,在纤维束内部的单根纤维表面上均匀地沉积生长,同时可见,即使在纤维束内部单根纤维形成的三角区域,CVD BN 涂层也能够均匀连续的生长,沿着纤维周围涂层的厚度均匀一致,从涂层界面的放大图可以看出,涂层内部较为致密,涂层的表面光滑致密。

图 4.52　石英纤维表面 CVD BN 涂层的微观形貌

研究发现,硼吖嗪 CVD BN 涂层有较好的普适性,在石英纤维、SiNO 纤维、碳纤维等多种纤维表面均可形成致密连续涂层,但随着基底材质的不同,涂层的生长特性大相径庭。图 4.54 为石英纤维、SiNO 纤维和碳纤维 CVD BN 涂层的厚度随沉积时间的变化。沉积条件为:沉积温度为 1 000℃,系统压力为 1~2 kPa,载气流量为 10~15 ml/min。由图 4.54 可以看出,在石英纤维和 SiNO 纤维上,涂层的生长均需要经过一段时间的诱导期。在石英纤维上,当沉积时间少于 50 min 时,用扫描电镜观察,尚没有涂层形成;当沉积时间超过 50 min 后,才开始有涂层生长,取涂层厚度随沉积时间的变化关系曲线的斜率为沉积速率,可以发现,当沉积时间超过 60 min 后,沉积速率趋于稳定。在 SiNO 纤维上,当沉积时间超

图 4.53　SiNO 纤维表面 CVD BN 涂层的微观形貌

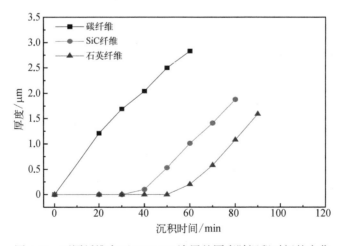

图 4.54　不同纤维表面 CVD BN 涂层的厚度随沉积时间的变化

过 30 min 后,才开始有涂层形成,当沉积时间超过 40 min 后,沉积速率趋于稳定。而在碳纤维上,涂层的生长不需要诱导期,通入原料气后涂层就开始生长。当涂层生长稳定之后,CVD BN 涂层在三种纤维上的沉积速率基本一致(即曲线的斜率基本一致)。

　　CVD BN 涂层在不同纤维上的不同生长特性与纤维的组成和晶体结构有关。碳纤维在结构上属于乱层石墨结构,虽然其并非结晶良好的石墨,但也具有一定的层状结构特征,其晶体结构与六方氮化硼仍然具有一定的相似性,因此 CVD BN 涂层在碳纤维上沉积时晶格匹配性较好,一通入原料气,涂层就开始沉积生长。而石英纤维和 SiNO 纤维在晶体结构上与六方氮化硼相差很大,两者的晶体结构是无定型态,且与 h - BN 的晶体结构也不同,因此 CVD BN 涂层在石英纤维和 SiNO 纤维上沉积时,晶格失配严重,涂层在其上沉积生长较为困难,需要经过一段时间的诱导期。然而,一旦基底表面形成了一层 BN 涂层,后续涂层的生长就变成在 BN 基底上继续生长,故涂层生长稳定之后,三种纤维表面 CVD BN 涂层的生长速率又趋于一致。

　　图 4.55 为纤维表面 BN 涂层的拉曼光谱图。由图 4.55 可以看出,所有涂层的拉曼光谱图中均存在位于 1 369 cm^{-1} 附近的拉曼位移吸收峰,该峰归属于六方氮化硼的 B—N 面内伸缩振动吸收峰(E$_2$g$_2$ 模式),说明所沉积的涂层为氮化硼。氮化硼的 E$_2$g$_2$ 吸收峰的特征(吸收峰频率和半高宽)与氮化硼结构的有序度有关,随着涂层结晶程度的提高和晶粒尺寸 La 的增大,位于 1 369 cm^{-1} 附近处的

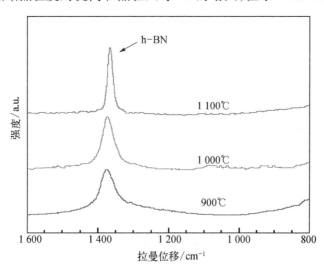

图 4.55　不同沉积温度制备的 BN 涂层的拉曼光谱图

E$_2$g$_2$吸收峰将会变得越来越窄,且向低波数方向位移。由图4.55可见,随着沉积温度的提高,1 369 cm^{-1}附近处的E$_2$g$_2$吸收峰不断变窄,且向低波数方向位移,说明涂层的结晶程度随着沉积温度的升高在逐渐提高。通过制备出厚度均匀、结构可调的BN涂层,可调控复合材料界面相的性能,从而改善复合材料的性能。

利用FT-IR光谱图对不同温度下沉积的涂层的组成和化学键合状态进行表征,为了便于对涂层进行FT-IR表征,在单晶硅片上进行沉积试验。图4.56为700~1 100℃沉积涂层的FT-IR光谱图。同时,列入硼吖嗪的FT-IR光谱图,以便比较热解前后先驱体中原子化学键合状态的变化。硼吖嗪的红外吸收峰分别位于3 475 cm^{-1}、2 525 cm^{-1}、1 464 cm^{-1}、916 cm^{-1}和718 cm^{-1}处。其中,位于3 475 cm^{-1}处和916 cm^{-1}处的吸收峰分别归属于N—H键的伸缩振动和弯曲振动;位于2 525 cm^{-1}处和718 cm^{-1}处的吸收峰分别归属于B—H键的伸缩振动和弯曲振动;位于1 464 cm^{-1}处的吸收峰归属于硼氮六元环中B—N键的伸缩振动。在沉积涂层中,位于1 464 cm^{-1}附近的归属于B—N键的伸缩振动的尖峰位移至1 382 cm^{-1}附近且变得较宽,这说明单个硼氮六元环聚合形成了六角网状大分子;此外,出现了位于797 cm^{-1}处的吸收峰。位于1 382 cm^{-1}处和797 cm^{-1}处的吸收峰分别归属于六方氮化硼的B—N的面内伸缩振动吸收峰和B—N—B键的面外弯曲振动吸收峰。随着沉积温度升高,涂层中B—H键和N—H键的含

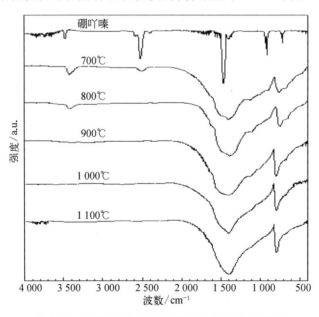

图4.56　不同温度沉积BN涂层的FT-IR光谱图

量逐渐减小,在 700℃的涂层中还存在较弱的 B—H 键和 N—H 键的吸收峰,在
800℃的涂层中 B—H 键完全消失,在 900℃的涂层中 N—H 键也完全消失,这说
明当沉积温度高于 900℃时,先驱体已经完全热解。另外,随着沉积温度的提
高,位于 1 382 cm⁻¹ 附近的 B—N 键的吸收峰逐渐变窄,说明涂层的有序度在不
断提高,这将在后面的 XRD 分析中得到进一步佐证。

　　对不同温度沉积的涂层进行 XRD 分析,研究沉积温度对涂层结晶状态的影
响。同样,为了便于表征,在单晶硅片上进行沉积试验。由于当沉积温度较低
时,涂层的结晶度不高,其衍射强度较小,为了避免基底单晶硅片衍射峰的影响,
将涂层沉积至 50 μm 以上,然后将涂层从基底上剥离,再测试涂层的 XRD 衍射
谱图。图 4.57 为 700~1 100℃沉积涂层的 XRD 谱图。所有涂层均在 24.6°~27°
附近存在衍射峰,该衍射峰归属于六方氮化硼的(002)晶面的衍射。当沉积温
度较低时(700~900℃),(002)晶面的衍射峰较宽,在 42.3°附近还存在一个小的
衍射峰,该衍射峰是由六方氮化硼的(100)晶面的和(101)晶面的衍射叠加而形
成的,记为(10)衍射带,由于涂层的结晶度较差,(100)晶面和(101)晶面的衍射
无法分辨,涂层的晶体结构仍然缺乏三维有序,其晶体结构为乱层六方氮化硼。
随着沉积温度的升高,(002)晶面的衍射峰逐渐变得尖锐,且向高衍射角方向位
移,说明涂层的结晶度在不断提高,晶面间距 $d_{(002)}$ 在逐渐减小。当沉积温度升

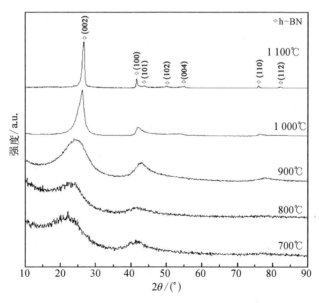

图 4.57　不同温度下沉积涂层的 XRD 谱图

高至 1 000 ℃ 时,(10)衍射带出现了归属于(101)晶面的衍射的肩峰。当沉积温度为 1 100 ℃ 时,涂层的 XRD 谱图中(100)晶面的和(101)晶面的衍射峰清晰可辨,而且出现了其他归属六方氮化硼的衍射峰 50.2°(102),55.2°(004),75.9°(110)和 82.3°(112),衍射峰强且尖锐,涂层的晶体结构具有三维空间的有序性,是结晶良好的六方氮化硼。

　　通过高分辨透射电镜观察 CVD BN 涂层/基底界面结合处,可以更加清楚地看到 CVD BN 涂层的取向生长和基底效应(图 4.58)。其中,图 4.58(a)是 CVD BN 涂层的整体微观形貌和电子衍射图,由图 4.58(a)可见,涂层/基底界面结合良好,涂层与基底之间无裂纹、孔隙等缺陷,涂层部位的电子衍射图出现了明显的归属于六方氮化硼(002)晶面的衍射环,(100)晶面的和(101)晶面的衍射环

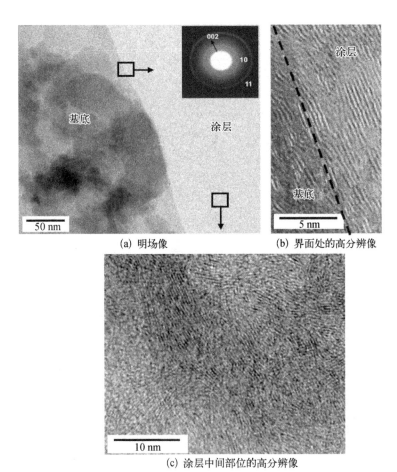

(a) 明场像　　　　　　　　　(b) 界面处的高分辨像

(c) 涂层中间部位的高分辨像

图 4.58　CVD BN 涂层的 TEM 照片

重叠在一起无法分辨,记为(10)衍射环,(110)晶面的和(112)晶面的衍射环重叠,记为(11)衍射环。对图 4.58(a)中方形框标记的涂层/基底界面部位和涂层内部进行高分辨模式观察,结果分别如图 4.58(b)和图 4.58(c)所示,可以看出,与涂层内部相比,涂层/基底界面处的涂层表现了较高的有序程度。

此外,在涂层/基底界面处,CVD BN 涂层的(002)晶面沿着平行于基底表面的方向生长,这一特性使得该涂层非常适合用作陶瓷基复合材料中纤维/基体之间的界面相涂层,因为氮化硼涂层的(002)晶面沿着纤维表面的取向有利于裂纹在界面相中偏转,增加能量吸收机制,提高复合材料的强度和韧性。随着涂层的生长,基底对涂层生长的影响越来越弱,CVD BN 涂层沿着基底表面的取向越来越差,同时涂层的有序度也不断降低,在远离涂层/基底界面处的涂层中间部位,涂层的有序程度明显降低,(002)晶面的晶格条纹呈随机取向和扭曲。

4.3.4　界面涂层对复合材料性能的影响

图 4.59 是 BN 界面相涂层处理前后 $SiO_{2f}/Si-B-N$ 复合材料的载荷-位移曲线。含有 BN 界面相的复合材料的最大载荷和断裂应变明显增加,断裂功也明显增加;同时,材料的断裂行为发生了变化,体现了良好的韧性特征。

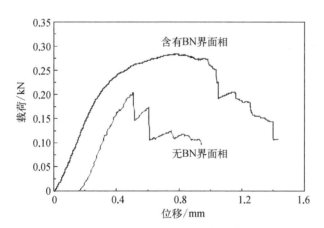

图 4.59　CVD BN 涂层前后 $SiO_{2f}/Si-B-N$ 复合材料的载荷-位移曲线

图 4.60 是含有 CVD BN 界面相涂层的 $SiO_{2f}/Si-B-N$ 复合材料的断口形貌。与不含界面相涂层的复合材料相比,纤维的增韧效果显著增强,纤维拔出明显;同时,在纤维/涂层和涂层/基体部位均产生了解离脱黏,这说明 CVD BN 界

面相涂层的引入优化了纤维和基体的界面结合,可增加裂纹的扩展途径,从而提高材料的强度和韧性。

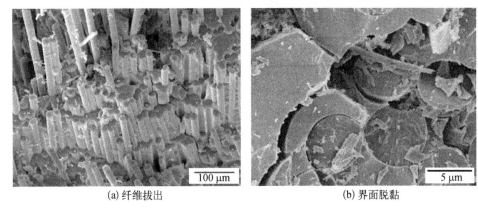

(a) 纤维拔出　　　　　　　　　　　　(b) 界面脱黏

图 4.60　含有 CVD BN 涂层的 $SiO_{2f}/Si-B-N$ 复合材料的断口形貌

BN 界面相涂层对其他陶瓷基复合材料(如 $SiNO_f/BN$ 、BN_f/BN 、C_f/SiC 、SiC_f/SiC 等)的影响机制与 $SiO_{2f}/Si-B-N$ 复合材料相似,通过 BN 界面相的引入,均可有效改善复合材料的韧性,并提高其抗拉和抗弯强度。图 4.61 是 $SiNO_f/BN$ 引入界面相前后的载荷-位移曲线,同样可见,复合材料的强度和韧性均有明显提升。

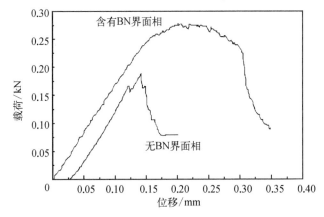

图 4.61　CVD BN 涂层前后 $SiNO_f/BN$ 复合材料的载荷-位移曲线

BN 界面相涂层对复合材料力学性能(如强度、弹性模量、断裂韧性等)的影响如表 4.23 所示。

表 4.23　BN 界面相涂层对 $SiO_{2f}/Si-B-N$ 和 $SiNO_f/BN$ 复合材料力学性能的影响

材　料	$SiO_{2f}/Si-B-N$		$SiNO_f/BN$	
	无界面涂层	有 BN 涂层	无界面涂层	有 BN 涂层
密度/(g/cm³)	1.75	1.76	1.83	1.84
弯曲强度/MPa	148.2	163.1	118.2	145.3
拉伸强度/MPa	115.2	127.1	62.6	75.7
弹性模量/GPa	25.7	28.6	23.6	26.4
断裂韧性/(MPa·m^{1/2})	5.89	10.78	4.40	11.54

同时,在 Si_3N_{4f}/BN 复合材料中引入 CVD BN 界面相涂层,并制备 $Si_3N_{4f}/BN_c/BN$ 复合材料,考察涂层厚度对复合材料力学性能的影响。复合材料的制备工艺参数如下:涂层的沉积温度为 1 100℃,涂层的厚度分别为 290 nm、620 nm 和 1 070 nm,复合材料的制备温度为 1 200℃。

沉积不同厚度 CVD BN 涂层的纤维及 $Si_3N_{4f}/BN/BN$ 复合材料的微观形貌如图 4.62 所示。由图 4.62 可以看出,涂层较为均匀地包覆在纤维表面,且与纤维结合紧密。在复合材料中,CVD BN 界面相与纤维和基体的结合均较为紧密,无明显孔隙,这说明涂层的引入并没有阻碍复合材料的致密化。

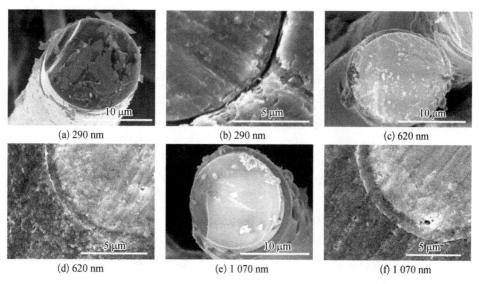

(a) 290 nm	(b) 290 nm	(c) 620 nm
(d) 620 nm	(e) 1 070 nm	(f) 1 070 nm

图 4.62　含有不同厚度 CVD BN 涂层的纤维及其复合材料的微观形貌

进一步采用 HRTEM 对 $Si_3N_{4f}/BN_c/BN$ 复合材料的纤维/基体界面结构进行分析,结果如图 4.63 所示。由图 4.63 可以看出,涂层与纤维之间存在清晰的界面[图 4.63(c)],未观察到明显的界面扩散或者界面反应。反之,CVD BN 涂层在纤维表面呈现明显的平行取向结构[图 4.63(d)],涂层的选区电子衍射分析显示强而明亮的衍射斑点,说明涂层是具有很高结晶程度的 h-BN。层状结构可以促进裂纹在涂层内部的偏转,弱化界面结合强度,进而改善复合材料的力学

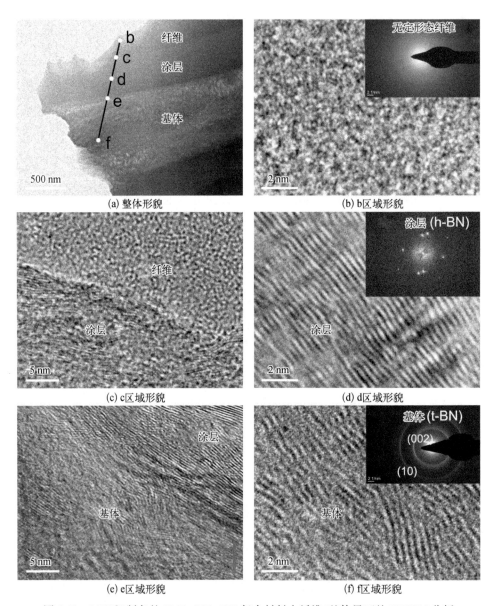

图 4.63　1 200℃制备的 $Si_3N_{4f}/BN_c/BN$ 复合材料中纤维/基体界面的 HRTEM 分析

性能。此外,从图 4.63(e)可以看出,涂层与基体之间也有着紧密的结合,并可清楚地辨别两者之间形貌的转变。在涂层与基体之间也未发生扩散现象,说明 CVD BN 涂层具有较好的结构稳定性。由 HRTEM 及选区电子衍射分析结果可知,基体的结晶性明显低于涂层[图 4.63(f)]。

含不同厚度 CVD BN 涂层的 $Si_3N_{4f}/BN_c/BN$ 复合材料的主要性能如表 4.24 所示。由表 4.24 可以看出,随着涂层厚度的增加,复合材料的密度较 Si_3N_{4f}/BN 复合材料略有下降,而开孔率略有增加。当涂层厚度为 290 nm 时,$Si_3N_{4f}/BN_c/BN$ 复合材料的弯曲强度、弹性模量和断裂韧性分别达到 147.8 MPa、31.7 GPa 和 5.73 MPa·m$^{1/2}$,较无界面涂层的 Si_3N_{4f}/BN 复合材料分别提高了 11.5%、9.7% 和 22.7%。然而,当涂层厚度继续增加到 620 nm 和 1 070 nm 时,复合材料的力学性能反而逐渐下降,其中弹性模量的下降最显著,这说明涂层过厚将导致纤维与基体的界面结合过弱,使界面无法有效地传递载荷。

表 4.24　CVD BN 涂层厚度对 $Si_3N_{4f}/BN_c/BN$ 复合材料性能的影响

CVD BN 涂层厚度/nm	密度 /(g/cm³)	开孔率 /%	弯曲强度 /MPa	弹性模量 /GPa	断裂韧性 /(MPa·m$^{1/2}$)
0	1.89	7.3	132.6	28.9	4.67
290	1.88	7.9	147.8	31.7	5.73
620	1.87	8.2	121.5	25.1	5.33
1 070	1.85	7.9	97.6	16.2	4.88

$Si_3N_{4f}/BN_c/BN$ 复合材料典型的弯曲载荷-位移曲线如图 4.64 所示。由图 4.64 可以看出,未引入 BN 涂层之前,Si_3N_{4f}/BN 复合材料呈现一定的脆性断裂趋势;而引入界面相涂层后,复合材料明显向韧性断裂转变,载荷在达到最大值后呈现缓慢的阶梯状下降,材料能通过纤维拔出等形式吸收更多的断裂能。其中,涂层厚度为 290 nm 的 $Si_3N_{4f}/BN_c/BN$ 复合材料的最大载荷和载荷-位移曲线弹性阶段的斜率均高于无涂层的复合材料,对应于材料弯曲强度和弹性模量的提高,而其断裂应变(位移)和曲线所包围面积的增大说明复合材料的断裂韧性也有所提高。然而,随着 BN 涂层厚度的进一步增加,载荷-位移曲线的斜率反而逐渐减小,而且还出现了载荷保持的现象,说明裂纹在材料中大量扩展,载荷不能有效地从基体传递到纤维上,导致了复合材料弹性模量和弯曲强度的降低。

图 4.65 为含 290 nm CVD BN 涂层的 $Si_3N_{4f}/BN_c/BN$ 复合材料的断口形貌。

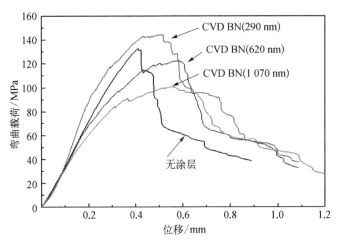

图 4.64　$Si_3N_{4f}/BN_c/BN$ 复合材料典型的弯曲载荷-位移曲线

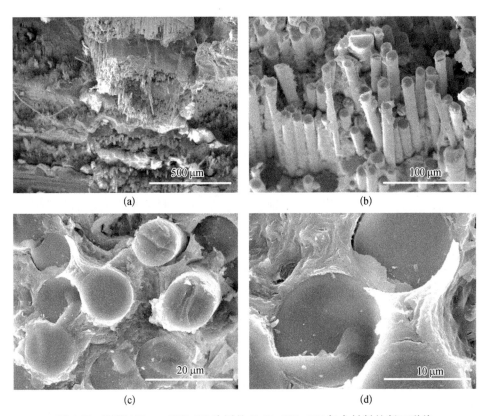

图 4.65　沉积 290 nm CVD BN 涂层的 $Si_3N_{4f}/BN_c/BN$ 复合材料的断口形貌

由图 4.65 可以看出,断口上有大面积的纤维拔出,纤维拔出的长度较长,而且界面脱黏现象普遍,这说明 CVD BN 涂层的引入有效改善了纤维和基体的界面结合,涂层在纤维表面的择优取向生长也有效促进了裂纹的偏转和界面的解缠,使纤维充分发挥了增强增韧作用。

当 CVD BN 涂层的厚度增加到 1 070 nm 时,如图 4.66 所示,断口上纤维的形貌比较疏松,虽然有大量的纤维拔出,但纤维断裂的长度反而比较平齐,这说明纤维和基体的界面结合过弱,导致裂纹在基体和涂层中大量扩展,界面无法有效地传递载荷,纤维的增强效果有限。当材料断裂时,基体和涂层中已含有大量裂纹,基体本身变得松散,在纤维断裂的过程中随着纤维一起被拔出,在断面上留下较多的碎屑。

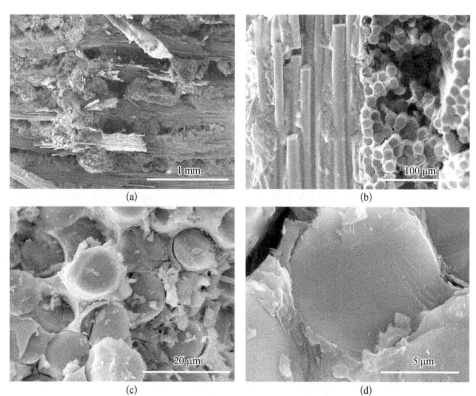

(a)　　　　　　　　　　　　　　(b)

(c)　　　　　　　　　　　　　　(d)

图 4.66　沉积 1 070 nm CVD BN 涂层的 $Si_3N_{4f}/BN_c/BN$ 复合材料的断口形貌

为表征涂层厚度对纤维/基体界面结合强度的影响程度,通过单纤维顶出试验测试复合材料的纤维/基体界面剪切强度,结果如图 4.67 所示。由图 4.67 可见,引入 CVD BN 界面相涂层有效地降低了纤维/基体界面剪切强度。

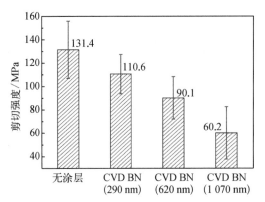

图 4.67　CVD BN 涂层的厚度对 $Si_3N_{4f}/BN_c/BN$ 复合材料界面剪切强度的影响

当涂层的厚度为 290 nm 时,界面剪切强度从无涂层时的 131.4 MPa 下降到了 110.6 MPa,结合前面的分析,此时的界面结合有所改善,复合材料的力学性能得到了提高。当涂层厚度进一步增加到 620 nm 和 1 070 nm 时,界面剪切强度分别下降到了 90.1 MPa 和 60.2 MPa。此时纤维与基体的界面结合已过弱,反而不利于复合材料的力学性能。

图 4.68 显示了单纤维顶出后纤维、涂层及基体的形貌特征。由图 4.68 可以看出,在复合材料中,BN 涂层是纤维和基体之间有效的缓冲层,其与两者的结合都比较适中,因此既有纤维带着涂层被顶出,也有纤维脱离涂层被顶出。BN 涂层的缓冲效应很大程度得益于 BN 涂层的层状结构特性。首先,层状结构的涂层结晶性高,结构稳定,与纤维和基体都不发生反应,相互之间没有形成强界面结合;其次,h－BN 垂直于(002)晶面方向的热膨胀系数很小,仅为(0.7~2.5)×10^{-6}/K[47],与 Si_3N_4 纤维的热膨胀系数相当,但明显低于 BN 基体。在复合材料的制备过程中,涂层和纤维之间不产生明显的残余热应力,主要的残余热应力在基体和涂层之间,而 BN 涂层本身的层状结构有利于诱导裂纹在涂层中偏转和扩展,从而使纤维充分发挥增强增韧作用。

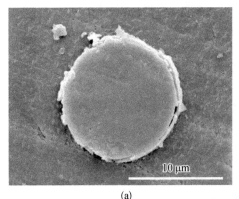

(a)

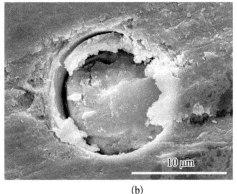

(b)

图 4.68　$Si_3N_{4f}/BN_c/BN$ 复合材料单纤维顶出后的形貌特征

图 4.69 为引入 CVD BN 界面相涂层前后界面附近裂纹扩展的示意图。在引入界面相涂层前,如图 4.69(a)所示,由于纤维/基体界面结合比较强,部分裂纹在界面处发生偏转,但也有部分裂纹沿着固有方向继续向前扩展,导致纤维和基体同时断裂,不利于复合材料的力学性能。在引入 CVD BN 界面相涂层后,如图 4.69(b)所示,纤维和基体之间的界面结合得到改善,裂纹在界面相附近的扩展路径增加。裂纹可以在基体/CVD BN 涂层界面、CVD BN 涂层内部以及 CVD BN 涂层/纤维界面等处发生偏转,从而有效增加裂纹的扩展路径,而减少产生贯穿纤维的裂纹;界面还能有效地将载荷从基体传递到纤维上,使纤维充分发挥裂纹偏转、纤维断裂、纤维桥联及纤维拔出等多种增强增韧机制。

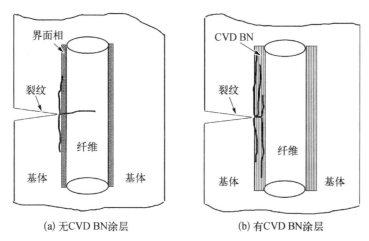

(a) 无CVD BN涂层　　　　　　　　(b) 有CVD BN涂层

图 4.69　引入 CVD BN 界面相涂层前后纤维/基体界面附近的裂纹扩展示意图

近年来,作者团队系统开展了单组元先驱体 CVD BN 的工艺过程,突破了 BN 晶体原子层数的可控生长技术[48-51];同时,将 CVD BN 界面相涂层技术扩展应用到其他类型的纤维增强陶瓷基复合材料,包括 SiC$_f$/SiC、SiC$_f$/SiBCN 等,与未界面改性的复合材料相比,弯曲强度可提升至原来的 3 倍以上,断裂韧性可提升至原来的 2.7 倍以上[52-54];CVD BN 界面相涂层的增强增韧效果和高温力学性能均大幅度优于裂解碳涂层,支撑了中国航空发动机集团某新型航空发动机热结构的研制。

4.4　大尺寸异型构件的制备技术

大尺寸异型构件的制备与成型问题一直是限制陶瓷及陶瓷基复合材料实际

使用的关键问题之一。其难点主要包括：① 陶瓷材料整体呈现脆性，内部的裂纹极易扩展，导致材料的破坏。因此，提高其可靠性和韧性，对其进行增强增韧是大尺寸构件制备的难点之一。② 陶瓷材料的相变温度高，一般需要在很高的烧结温度下及特制的模具中进行烧结，而且，通常需加入烧结助剂，这会对材料造成污染。③ 陶瓷材料的硬度大，陶瓷材料的加工技术目前尚不成熟，且加工效率很低。尤其对于氮化物陶瓷，其烧结温度一般很高，由此带来的对成型与烧结设备的需求、加工的难题及对增强体的损伤均是难以克服的问题。先驱体转化工艺以有机先驱体聚合物为原料，可在较低的裂解温度下转变为陶瓷，降低设备投入，减少工艺损伤，同时，可充分利用先驱体的流变特性实现近净成型，适用于异型复杂构件的制备。

4.4.1　整体工艺介绍

针对大尺寸异型构件，为提高材料可靠性，多采用立体编织的连续纤维织物作为增强体进行制备。目前，成熟的高温透波纤维只有石英纤维。

对于纤维织物增强的复合材料，编织结构的不同会引起材料性能的差异，以及材料适用环境的区别。因此，在制备整体天线罩构件时，必须选择合适的编织结构，常见的立体编织结构包括三维四向、2.5D 等。

其中，三维四向结构的四向即平行六面体的四个体对角线方向，其外形结构同蛇鳞甲的排布相似，它的运动能力极强，当受到外力作用时，可以通过外形变化来抵消外力的影响，避免外力对纤维造成较大损伤，能够使复合材料在经向具有优异的力学性能。但是，三维四向编织结构中的纤维与纬向之间的角度偏大，导致其强度在此方向上的分量相当小，这就造成了纬向的强度很低；而且，三维四向编织体的变形能力较强，会导致复合材料承载时在纬向的变形过大，甚至造成破坏。

常见的导弹天线罩是大尺寸回转体结构，或异型截面椎体结构，在使用过程中必须保证其在母向和环向（分别对应于编织结构中的经向和纬向）两个方向上均具有较高的强度和刚度。显然，三维四向结构在纬向（即环向）上的劣势以及易变形的缺陷使得该编织结构不再适用于大尺寸天线罩构件的制备。2.5D编织结构由经纱在拉直的纬纱间穿梭编织而成，这使得该编织结构在两个正交的方向上均存在连续的增强纤维，从而能够兼顾复合材料及构件在经、纬两个方向上的力学性能。而且，通过优化编制参数和调节经、纬向之间纤维的体积分数，可以调节经、纬向之间的力学性能分配。同时，纬向纤维已经拉直，基本上不

再有变形能力,这使得编织体在此方向上具有优异的尺寸稳定性。此外,2.5D
编织结构在厚度方向上是由多层交叉层叠而成的,结构的整体性非常好,即使表
面的纤维受损也不会对内部结构的完整造成严重损害。天线罩在成型之后必然
要进行内外表面的精确加工,而选择 2.5D 编织结构可以最大限度地减小机械加
工对罩体承载能力的损伤,为天线罩力学性能的可靠性提供保障。因此,综合考
虑各方面的影响因素,在制备整体天线罩构件时,选择 2.5D 编织结构作为增强
体是一个优化的选择。

　　大尺寸异型构件的整体成型一直是工程实践中的一大难题。与制备平板材
料试样相比,大尺寸构件的制备对工艺的稳定
性、材料的均匀性以及设备等均提出了更为苛
刻的要求。

　　由于整体天线罩一般为大尺寸薄壁异型
构件,其增强织物的编织需要在一个特定的芯
模上进行。编织完成之后,对织物进行先驱体
的浸渍、交联、裂解,从而得到天线罩粗坯;然
后,对粗坯进行机械加工,得到尺寸精确的天
线罩半成品;继续对半成品进行 PIP 工艺循
环,最终得到致密的天线罩构件。天线罩制备
的工艺流程示意图如图 4.70 所示。

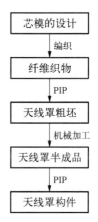

图 4.70　整体天线罩构件的制备
工艺流程示意图

4.4.2　模具的设计

　　在编织的过程中,芯模的存在可保证编织物内表面的形状以及尺寸符合设
计要求。纤维织物为柔性材料,因此在织物编织完毕之后,芯模仍然不能卸载,
以免织物发生变形。因此,只有当织物中浸渍先驱体并完成固化过程之后,天线
罩的预制体才能保持一个刚性、稳定的形状,此时才能将芯模卸载。也就是说,
芯模要经历纤维织物的编织、先驱体的浸渍以及先驱体的交联固化等多个过程,
因此芯模要选择合适的材质。考虑到材料的成本、加工成本以及使用环境等因
素,选用不锈钢作为芯模较为可行。一方面,不锈钢材料的成本较低,且易于加
工,还能保证足够的刚度,以保证织物在先驱体固化之前具有稳定的外形;另一
方面,不锈钢与先驱体不会发生化学反应,不会造成模具的腐蚀,可以保证交联
过程正常的进行。

　　在先驱体的浸渍过程中,为减少原料的浪费,需要将纤维织物限制在一个尽

可能小的尺寸内,因此还需要在织物的外面加一个外模。芯模和外模均与织物表面相接触,一方面,可以限制织物不发生明显的形变;另一方面,两模具之间的狭小区域使得浸入其中的先驱体不会流失,从而使先驱体得到充分的利用,减少不必要的浪费。同样,外模也选用不锈钢进行加工。

模具的形状与尺寸的设计须以构件的尺寸为基础。同时,要在高度、直径等方面充分考虑机械加工的要求,使得制得的复合材料天线罩粗坯在进行机械加工时有充足的加工余量。

4.4.3　纤维织物的编织

如前所述,目前整体天线罩的增强相通常为石英纤维织物,常用的编织结构为 2.5D 结构。织物的编织围绕芯模进行,因此其尺寸也靠芯模来控制。织物的厚度需略大于天线罩的设计厚度,以满足后期加工的要求。同时,根据构件的实际受力情况,对织物中纤维的经密和纬密等参数进行调节,进而调节复合材料各方向的力学性能。

4.4.4　天线罩的复合与加工

为保证整体天线罩构件性能的可靠性,采用 PIP 工艺进行复合材料的制备,在真空条件下完成先驱体的浸渍,采用高压交联工艺实现先驱体的交联固化,然后在高温下完成裂解过程。经数次 PIP 工艺循环之后,得到氮化物复合材料天线罩粗坯。

对天线罩粗坯的加工包括长度(高度)方向的加工和罩壁内外表面的加工。2.5D 编织结构在厚度方向上由纤维层叠而成,局部的整体性很强,可以减少表面机械加工带来的损伤,从而给加工带来一定的便利。但目前,陶瓷材料的加工技术还较为落后,陶瓷材料的加工方式及刀具材质等方面均处于探索阶段。此外,对于纤维织物增强的复合材料,机械加工必然会对连续纤维造成一定程度的破坏,导致复合材料整体力学性能的下降。因此,对于氮化物复合材料天线罩的机械加工,要尽可能地控制加工量和简化加工工序,并选择合适的加工时机。

PIP 工艺可实现天线罩构件的近净成型,从而有效地减少加工量。如此一来,加工时机的选择显得尤为重要。在 PIP 工艺制备氮化物复合材料天线罩的过程中,当经过较少的工艺循环时,材料的致密度较低,基体中仍含有大量的孔隙,使得材料的刚度不高。如果此时进行加工,势必会造成罩体的变形,从而影响天线罩的使用。当天线罩复合完毕时,材料在具有较高致密度的同时,也具有较高的刚度。此时的加工对罩体变形的影响很小,但是,致密的陶瓷材料也增大了加工的难度。因此,天线罩的加工须在 PIP 工艺循环的中间阶段进行。一方面,此时的复合材料已经具有良好的刚度,可以基本避免由加工带来的形变;另一方面,复合材料仍未完全致密,可以降低加工的难度。在进行加工之后,对天线罩的半成品进行 1 次 PIP 工艺循环,将表面多余的少量氮化物基体打磨掉,即得到尺寸精确的天线罩构件。此外,在机械加工过程中,复合材料必然会受到一定的损伤,基体中还会出现大量的裂纹,影响罩体的承载性能。因此,在加工后继续进行 PIP 循环,经过先驱体的浸渍—裂解之后,可以使机械加工中出现的缺陷和裂纹得到黏接或弥合,从而使罩体的力学性能得到最大限度的恢复。

　　理想的导弹天线罩要求罩壁各处电气厚度一致,而实际的天线罩在成型之后,气动外形虽然已基本满足设计要求,但材料成分的相对不均匀性导致介电常数分散,以及结构厚度偏差,使得其电气厚度精度指标很难达到要求。

　　电气厚度的表示式为 $\varphi = \dfrac{2\pi h}{\lambda_0}\sqrt{\varepsilon - \sin^2\theta}$。对 h 和 ε 取全微分,得

$$\mathrm{d}\varphi = \frac{2\pi}{\lambda_0}\sqrt{\varepsilon - \sin^2\theta}\,\mathrm{d}h + \frac{\pi h}{\lambda_0\sqrt{\varepsilon - \sin^2\theta}}\mathrm{d}\varepsilon \tag{4.11}$$

　　当 Δh 和 $\Delta\varepsilon$ 很小时,式(4.11)可写为

$$\Delta\varphi = \frac{2\pi}{\lambda_0}\sqrt{\varepsilon - \sin^2\theta}\,\Delta h + \frac{\pi h}{\lambda_0\sqrt{\varepsilon - \sin^2\theta}}\Delta\varepsilon \tag{4.12}$$

　　对某一天线罩而言,其理论结构厚度 h 和材料的理论介电常数 ε 为定值,当有一特定频率电磁波以特定角度入射时,$\dfrac{2\pi}{\lambda_0}\sqrt{\varepsilon - \sin^2\theta}$ 和 $\dfrac{\pi h}{\lambda_0\sqrt{\varepsilon - \sin^2\theta}}$ 均为常数。因此,可得

$$\Delta\varphi = A\Delta h + B\Delta\varepsilon\ (A、B 均为常数) \tag{4.13}$$

　　易知,电气厚度误差与结构厚度误差及介电常数误差呈线性关系。

　　以半波长壁天线罩为例,最佳壁厚 $h = \dfrac{n\lambda_0}{2\sqrt{\varepsilon - \sin^2\theta_\mathrm{p}}}$,其中 θ_p 为布儒斯特角,因此,有

$$A = \frac{2\pi}{\lambda_0}\sqrt{\varepsilon - \sin^2\theta},\ B = \frac{n\pi}{2\sqrt{\varepsilon - \sin^2\theta_p}\sqrt{\varepsilon - \sin^2\theta}} \qquad (4.14)$$

常用天线罩材料的介电常数为 2~7,高超声速飞行器常采用厘米波或毫米波制导,此时式(4.14)中的 λ_0 较小,足以使得 A≫B。因此,天线罩的结构尺寸误差对电气厚度的影响比材料成分发散造成的影响更为严重。同时,可以有效地利用这一点对罩壁进行修正,可以部分抵消由材料成分的不均匀带来的影响。Sanghi[55]对熔石英陶瓷天线罩进行了精密加工的研究,发现微小的修正往往可极大地改善电气性能。因此,对天线罩进行精密加工和电气修磨是必不可少的。

4.4.5　天线罩防潮涂层的制备

为满足天线罩长期放置的需求,还需要对天线罩构件的内外表面涂覆防潮涂层。采用有机硅树脂、有机氟树脂等原料,或者采用贴膜的方式,在完成加工和修磨之后的天线罩表面进行防潮涂层或防潮膜的制备,可以满足天线罩长时间储存的需要。

针对石英/氮化物复合材料,提出了一种封孔层+防潮层的技术方案。采用有机氟树脂体系制备的防潮涂层[56],在 40℃,90%(相对湿度)的湿热环境中放置 70 天后,复合材料的饱和吸水率仅为 0.541%(质量分数);采用有机硅树脂体系制备的防潮涂层[57],在 40℃,90%(相对湿度)的湿热环境中放置 70 天后,复合材料的饱和吸水率可控制在 0.3%(质量分数)以下;两种涂层体系均具有良好的介电性能,对罩体的透波性能无明显影响。

参 考 文 献

[1] Wynne K J, Rice R W. Ceramics via polymer pyrolysis. Annual Review of Materials Science, 1984, 14: 297-334.

[2] Bill J, Aldinger F. Precursor-derived covalent ceramics. Advanced Materials, 1995, 7(9): 775-787.

[3] Bill J, Wakai F, Aldinger F. Precursor-derived ceramics: Synthesis, structures and high temperature mechanical properties. Weinheim: Wiley-VCH Verlag GambH, 1999.

[4] Bernard S, Cornu D, Duperrier S, et al. Borazine based preceramic polymers for advanced BN materials//Abd-El-Aziz A S, Carraher C E, Pittman C U, et al. Inorganic and Organometallic Macromolecules: Design and Applications. New York: Springer, 2008: 351-371.

［5］ Bernard S, Miele P. Polymer-derived boron nitride: A review on the chemistry, shaping and ceramic conversion of borazine derivatives. Materials, 2014, 7(11): 7436 - 7459.

［6］ 温广武,雷廷权,周玉.不同形态石英玻璃的析晶动力学研究.材料科学与工艺,2001, 9(1): 1 - 5.

［7］ 邢建申,王树彬,张跃.石英纤维析晶行为.复合材料学报,2006,23(6): 75 - 79.

［8］ 陈帮.热处理及表面改性工艺对石英纤维结构、性能的影响.长沙: 国防科学技术大学硕士学位论文,2006.

［9］ Place T M. Properties of BN - 3DX, a 3. dimensional reinforced boron nitride composite. Proceedings of the 13th symposium on electromagnetic windows, Georgia, 1976.

［10］ 李端.氮化硼纤维增强陶瓷基透波复合材料的制备与性能研究.长沙: 国防科学技术大学硕士学位论文,2011.

［11］ 邹春荣.氮化物纤维增强氮化硼陶瓷基透波复合材料的制备与性能研究.长沙: 国防科学技术大学博士学位论文,2016.

［12］ Maire E, Withers P J. Quantitative X-ray tomography. International Materials Reviews, 2014, 59(1): 1.43.

［13］ Herbig M, King A, Reischig P, et al. 3. D growth of a short fatigue crack within a polycrystalline microstructure studied using combined diffraction and phase-contrast X-ray tomography. Acta Materials, 2011, 59(2): 590 - 601.

［14］ Titarenko S, Withers P J, Yagola A. An analytical formula for ring artefact suppression in X-ray tomography. Applied Mathmatics Letters, 2010, 23(12): 1489 - 1495.

［15］ 刘坤.先驱体转化氮化物透波复相陶瓷的制备与性能研究.长沙: 国防科学技术大学博士学位论文,2014.

［16］ 齐共金.先驱体合成及其转化制备石英织物增强氮化硅基天线罩材料研究.长沙: 国防科学技术大学博士学位论文,2006.

［17］ 李斌.氮化物陶瓷基耐烧蚀、透波复合材料及其天线罩的制备与性能研究.长沙: 国防科学技术大学博士学位论文,2007.

［18］ Li B, Liu K, Zhang C R, et al. Fabrication and properties of borazine derived boron nitride bonded porous silicon aluminum oxynitride wave-transparent composite. Journal of the European Ceramic Society, 2014, 34: 3591 - 3595.

［19］ Li B, Zou C R, Zheng Y Y, et al. Low dielectric boron nitride ceramic composite reinforced by silicon nitride nanowires. ECerS2017 - 15th Conference & Exhibition of the European Ceramic Society, Budapest, Hungary, 2017.

［20］ Yang X J, Li B, Li D, et al. High-temperature properties and interface evolution of silicon nitride fiber reinforced silica matrix wave-transparent composite materials. Journal of the European Ceramic Society, 2019, 39: 240 - 248.

［21］ Zou C R, Li B, Meng X J, et al. Ablation behavior and mechanism of SiO_{2f}/SiO_2, SiO_{2f}/BN and Si_3N_{4f}/BN radar wave transparent composites. Corrosion Science, 2018, 139: 243 - 254.

［22］ Hou Y B, Li B, Shao C W, et al. Effect of high-temperature annealing in air and N_2 atmosphere on the mechanical properties of Si_3N_4 fibers. Mater. Material Science and Engineering A, 2018, 724: 502 - 508.

[23] Li D, Li B, Yang X J, et al. Fabrication and properties of in situ silicon nitride nanowires reinforced porous silicon nitride (SNNWs/SN) composites. Journal of the European Ceramic Society, 2018, 38(6): 2671 - 2675.

[24] Li D, Li B, Zheng Y Y, et al. On the mechanical, thermophysical and dielectric properties of Nextel^{TM} 440 fiber reinforced nitride matrix (N440/Nitride) composites. Ceramic International, 2018, 44(6): 6137 - 6143.

[25] Yang X J, Li B, Zhang C R, et al. Design and fabrication of porous $Si_3N_4 - Si_2N_2O$ in situ composite ceramics with improved toughness. Material and Design, 2016, 110: 375 - 381.

[26] Zou C R, Li B, Wang S Q, et al. Fabrication and high-temperature mechanical properties of $2.5DSi_3N_{4f}/BN$ fiber-reinforced ceramic matrix composite. Material and Design, 2016, 92: 335 - 344.

[27] Cui J, Li B, Zou C R, et al. Direct synthesis of α - silicon nitride nanowires from silicon monoxide on alumina. Nanomaterials and Nanotechnology, 2015, 5(32): 1 - 6.

[28] Liu H K, Li B, Zhang C R, et al. Microstructure and Mechanical Properties of BN Nanotubes Reinforced Si_3N_4 Porous Composites. Materials Science Forum, 2015, 816: 64 - 70.

[29] Zou C R, Marrow T J, Reinhard C, et al. Porosity characterization of fiber-reinforced ceramic matrix composite using synchrotron X-ray computed tomography. Journal of Instruments, 2016, 11: C03052.

[30] Martin E, Peters P W M, Leguillon D, et al. Conditions for matrix crack deflection at an interface in ceramic matrix composites. Materials Science and Engineering A, 1998, 250(2): 291 - 302.

[31] Naslain R. The design of the fiber-matrix interfacial zone in ceramic matrix composites. Compos. Part A, 1998, 29(9 - 10): 1145 - 1155.

[32] Zok F W. Developments in oxide fiber composites. Journal of the American Ceramic Society, 2006, 89(11): 3309 - 3324.

[33] Naslain R. Design, preparation and properties of non-oxide CMCs for application in engines and nuclear reactors: An overview. Composites Science and Technology, 2004, 64(2): 155 - 170.

[34] 高世涛.单组元先驱体化学气相沉积六方氮化硼的生长机制、性能及应用研究.长沙: 国防科技大学博士学位论文,2018.

[35] Lii D F, Huang J L, Tsui L J, et al. Formation of BN films on carbon fibers by dip-coating. Surface and Coatings Technology, 2002, 150(2 - 3): 269 - 276.

[36] Gomathi A, Harika M R, Rao C N R. Urea route to coat inorganic nanowires, carbon fibers and nanotubes by boron nitride. Materials Science and Engineering A, 2008, 476(1 - 2): 29 - 33.

[37] Liu J, Wang S, Li P, et al. A modified dip-coating method to prepare BN coating on SiC fiber by introducing the sol-gel process. Surface and Coatings Technology, 2016, 286: 57 - 63.

[38] Nyutu E K, Suib S L. Experimental design in the deposition of BN interface coatings on SiC fibers by chemical vapor deposition. Surface and Coatings Technology, 2006, 201(6): 2741 - 2748.

[39] Rebillat F, Guette A, Brosse C R. Chemical and mechanical alterations of SiC nicalon fiber properties during the CVD/CVI process for boron nitride. Acta Materials, 1999, 47(5):

1685 - 1696.

[40] Udayakumar A, Ganesh A S, Raja S, et al. Effect of intermediate heat treatment on mechanical properties of SiCf/SiC composites with BN interphase fabricated by ICVI. Journal of the European Ceramic Society, 2011, 31(6): 1145 - 1153.

[41] Rebillat F, Guette A, Espitalier L, et al. Oxidation resistance of SiC/SiC micro and minicomposites with a highly crystallised BN interphase. Journal of the European Ceramic Society, 1998, 18(13): 1809 - 1819.

[42] Demin V N, Asanov I P, Akkerman Z L. Chemical vapor deposition of pyrolytic boron nitride from borazine. Journal of Vacuum Science and Technology A, 2000, 18(1): 94 - 98.

[43] Li J S, Zhang C R, Li B. Preparation and characterization of boron nitride coatings on carbon fibers from borazine by chemical vapor deposition. Applied Surface Science, 2011, 257(17): 7752 - 7757.

[44] Li J S, Zhang C R, Li B, et al. Boron nitride coatings by chemical vapor deposition from borazine. Surface and Coating Technology, 2011, 205(12): 3736 - 3741.

[45] 姚连增. 晶体生长基础. 合肥: 中国科学技术大学出版社, 1995.

[46] 傅献彩, 沈文霞, 姚天扬. 物理化学. 北京: 高等教育出版社, 2005.

[47] Eichler J, Lesniak C. Boron nitride (BN) and BN composites for high-temperature applications. Journal of the European Ceramic Society, 2008, 28(5): 1105 - 1109.

[48] Song Y X, Zhang C R, Li B, et al. Van der Waals epitaxy and characterization of hexagonal boron nitride nanosheets on grapheme. Nanoscale Research Letters, 2014, 9(1): 367.

[49] Song Y X, Zhang C R, Li B, et al. Triggering the atomic layers control of hexagonal boron nitride films. Applied Surface Science, 2014, 313: 647 - 653.

[50] Song Y X, Li B, Yang S W, et al. Ultralight boron nitride aerogels via template-assisted chemical vapor deposition. Science Reports, 2015, 5: 10337.

[51] 杨雅萍, 李斌, 张长瑞, 等. 类石墨烯结构二维氮化硼材料: 结构特性、合成方法、性能及应用. 材料导报, 2016, 30(6): 143 - 148.

[52] 高世涛, 李斌, 李端, 等. 化学气相沉积六方氮化硼涂层的制备及应用. 硅酸盐通报, 2018, 37(6): 1929 - 1935.

[53] Gao S T, Li B, Li D, et al. Micromorphology and structure of pyrolytic boron nitride synthesized by chemical vapor deposition from borazine. Ceramics International, 2018, 44(10): 11424 - 11430.

[54] Wang H L, Gao S T, Peng S M, et al. KD - S SiCf/SiC composites with BN interface fabricated by polymer infiltration and pyrolysis process. Journal of Advanced Ceramics, 2018, 7(2): 169 - 177.

[55] Sanghi G P. Machining of ceramic radomes. High performance ceramics. Hyderabad: Indian Ceramic Society, 1986: 247 - 253.

[56] Liu K, Cao F, Zhang C R, et al. Fabrication optimization of PVDF coatings on SiO_{2f}/Nitrides composites. Rare Metal Materials and Engineering, 2012, 41(s3): 289 - 291.

[57] 李俊生. 石英/氮化物陶瓷基复合材料防潮涂层的制备及其性能研究. 长沙: 国防科学技术大学硕士学位论文, 2006.

第 5 章　航天透波材料试验技术

航天透波材料是导弹和精确制导飞行器的关键材料之一,良好的力学性能、热学性能、电气性能与抗烧蚀性能是透波材料及其构件实现基本功能和应用的前提。在材料制备过程中,综合性能的测试表征对材料的设计、选材、研制、改进和应用等环节至关重要。

导弹作为关键装备,其可靠性必须得到保证。天线罩的工艺相对复杂,在制备时难免会出现一些缺陷。因此,天线罩构件在应用前,必须进行专门的力学、电气和烧蚀等综合性能的考核试验,以考察其是否满足使用要求。

5.1　透波材料的性能测试

5.1.1　介电性能

材料介电性能的指标通常包括介电常数 ε 和损耗角正切 $\tan\delta$。而电气参数的大小又与多种因素有关,如材料的物质分子结构、电磁场的频率、外部环境的温度等[1]。在透波材料的诸多性能要求中,功率传输系数和瞄准误差是最基本和最重要的指标,直接决定着电磁信号的可靠性和准确性。对于无耗平板,功率传输系数为

$$t_0^2 = \frac{(1 - r_{ab0}^2)^2}{(1 - r_{ab0}^2)^2 + 4r_{ab0}^2 \sin^2\varphi} \tag{5.1}$$

式中, $\varphi = \dfrac{2\pi h}{\lambda_0}\sqrt{\varepsilon - \sin^2\theta}$ 为电气厚度; r_{ab0} 为界面反射系数; h 为材料厚度; ε 为材料的介电常数; λ_0 为入射电磁波的波长; θ 为入射角。电气厚度的大小,对功率传输系数和瞄准误差有直接的影响,而介电常数 ε 直接决定了电气厚度的大小, ε 越大,则电气厚度越大,对信号的传输越不利。

在恒定电场 E 的作用下,电介质的电位移为 $D = \varepsilon E$。在正弦交变电场的作用下, E、D 均为复数矢量, ε 也为复数。如果介质中发生了松弛极化, E 和 D 的

相位不同，D 滞后于 E，设为 δ 角。则有

$$E = E_0 e^{j\omega t} \quad D = D_0 e^{j(\omega t - \delta)} \tag{5.2}$$

$$\varepsilon^* = \frac{D}{E} = \frac{D_0}{E_0} e^{-j\delta} = \varepsilon_s(\cos\delta - j\sin\delta) = \varepsilon_s\cos\delta - j\varepsilon_s\sin\delta \tag{5.3}$$

式中，ε^* 称为复介电常数；ε_s 称为静态介电常数（D_0/E_0）。令 ε' 为 ε_s 的无功分量，ε'' 为 ε_s 的有功分量，则损耗角正切 $\tan\delta = \dfrac{\varepsilon''}{\varepsilon'}$。

可见，损耗角正切即介电常数的有功分量和无功分量之比，也是有功电流密度和无功电流密度之比[2]。$\tan\delta$ 的大小表明了材料在电磁场中单位时间内损耗的能量大小，也体现了电磁波透过材料时信号衰减的大小。由此可见，若使透波材料有理想的透波率，则所选的材料必须具备较低的介电常数 ε 和较小的损耗角正切 $\tan\delta$，才能尽可能地减少电磁波在透波材料中传输时的衰减。

目前，用于测试常温介电常数 ε 和损耗角正切 $\tan\delta$ 的方法主要有短路波导法、高品质因数（Q）腔法、带状线谐振腔法等。其中，高 Q 腔法和带状线谐振腔法通过测试腔体加载试样前后的谐振频率及品质因数来计算复介电常数，适用于低损耗材料介电性能测试；而短路波导法则通过测试加载试样前后传输系统中的反射系数与传输系数来计算复介电常数，一般适于较大损耗材料。

1. 短路波导法

短路波导法是介电性能测试中的一种经典方法[3]，该方法是将与试样连接的传输线终端短路，通过测量反射系数，根据幅值和相位的计算得到材料的复介电常数，基本原理如图 5.1 所示。由于只需要测量单端口的信号参数，所以测试装置相对比较简单，而且容易实现高温介电性能的测量。

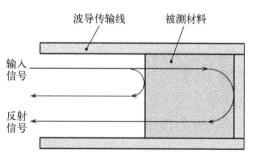

图 5.1　短路波导法基本原理图

在测试过程中，测试样品需要与波导紧密接触，间隙的存在会导致测试误差的增大，因此必须保证测试样品表面光滑、无污染，尺寸和形位公差满足严格的标准。

表 5.1 为采用短路波导法测试的 Si_3N_4 - BN 复相陶瓷的介电常数 ε 和介电

损耗角正切 $\tan\delta$ 数据[4]。采用点频方式在微波多端口介质测量系统上进行。系统的测试精度为 $\Delta\varepsilon\leqslant 0.02$，$\Delta\tan\delta\leqslant 0.001$。试样尺寸为 15.8 mm×7.9 mm ×（5~10）mm。

表 5.1　添加不同烧结助剂的 Si_3N_4-BN 复相陶瓷的介电性能

烧 结 助 剂	ε	$\tan\delta/(\times10^{-3})$
无	4.94	2.0
Al_2O_3	5.03	2.0
$CeO_2+Al_2O_3$	4.97	5.0
$Y_2O_3+Al_2O_3$	5.08	4.3

2. 高 Q 腔法

高 Q 腔法通过测试加载样品前后腔体谐振频率和品质因素，计算得到介电常数 ε 和介电损耗角正切 $\tan\delta$。因为试样与腔壁为非接触状态，所以一般不需要间隙修正，对低损耗样品有很高的测试精度，且相对较易实现，该方法在常温和高温介电性能的测试中应用广泛。在某一确定模式和测定温度下，圆柱形高 Q 腔初始空腔谐振频率为 f_0，固有品质因数为 Q_0，当放置厚度为 d 的原片状试样后，由于试样介电常数大于 1，填充试样的测试腔相位常数增大，谐振频率降低，记为 f_s，同时，填充试样引入了附加损耗，导致测试腔的固有品质因数下降，记为 Q_s，其测试原理图如图 5.2 所示。根据圆波导谐振腔的麦克斯韦方程及相关理论，可计算出 ε 和 $\tan\delta$，详细过程可参考《热透波机理与热透波材料》[5]一书。

以高 Q 腔法（扫频）测试 sialon-BN 复相陶瓷的介电性能为例[4]，介电性能的扫频测试在变温测试系统上进行，频率为 7~18 GHz，测试温度为 25~1 200℃，样品直径为 50.5 mm，厚度为 2~4 mm。测试精度为：室温时 $|\Delta\varepsilon/\varepsilon|\leqslant 2.5\%$，$|\tan\delta_\varepsilon|\leqslant 15\%\tan\delta_\varepsilon+5\times10^{-4}$；800℃ 时，$|\Delta\varepsilon/\varepsilon|\leqslant 3.8\%$，$|\Delta\tan\delta_\varepsilon|\leqslant 17\%\tan\delta_\varepsilon+8\times10^{-4}$；1 200℃ 时，$|\Delta\varepsilon/\varepsilon|\leqslant 5.0\%$，$|\Delta\tan\delta_\varepsilon|\leqslant 17\%\tan\delta_\varepsilon+1\times10^{-3}$。图 5.3 分别为 Sialon-BN 复相陶瓷的介电性能随频率的变化曲线和介电性能在频率为 9.375 GHz 时随温度的变化曲线[4]。由图 5.3 可以发现，复相陶瓷在 7~18 GHz 的介电常数为 3.51~3.55，具有良好的稳定性。而随着环境温度的升高，复相陶瓷的介电常数及损耗角正切均有增加的趋势，在 25~1 200℃，其介电常数为 3.54~3.69，损耗角正切为（0.9~3.1）×10^{-3}。

值得注意的是，高 Q 腔法原理上对测试频率无特殊限制，但当频率低于一定值时，存在谐振腔体积大、试样尺寸大、高温实现困难等问题。

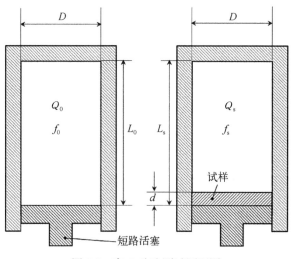

图 5.2　高 Q 腔法测试原理图

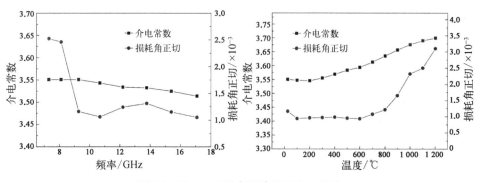

图 5.3　Sialon - BN 复相陶瓷的介电性能

3. 带状线谐振腔法

对于低频($2\sim7\,\mathrm{GHz}$)下小损耗材料的测试,带状线谐振腔法具有试样尺寸小的优点,可解决高 Q 腔法低频下试样尺寸过大、关键器件及系统研制困难等问题。以全填充腔体为例(图 5.4),在某一确定模式下,矩形谐振腔初始谐振频率为 f_0,固有品质因数为 Q_0,测试腔中间横截面全填充厚度为 d 的矩形状长条试样,将扰动腔中电磁场分布,使谐振频率降为 f_s,品质因数降为 Q_s,依据电磁场理论进行分析,并借助时域有限差分算法,可计算试样的介电常数(详见文献[5])。带状线谐振腔法测试时有全填充和部分填充两种方式。全填充有精确

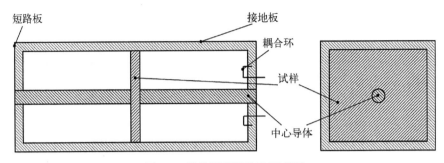

图 5.4　带状线谐振腔法原理图

场解,但不易实现;部分填充容易实现但无解析解,需要借用全填充测试原理和数值求解方法。

采用带状线谐振腔法对不同体系透波复合材料的介电常数 ε 和损耗角正切 $\tan\delta$ 进行测试,试样的尺寸为 $\Phi50.5\ \text{mm}\times(2.6\pm0.3)\ \text{mm}$,测试的中心频率均为 12 GHz,测试温度为 25 ~ 1 200℃。系统的测试精度为 $\Delta\varepsilon/\varepsilon\leqslant\pm0.03$,$\Delta\tan\delta\leqslant\pm0.001$。图 5.5 为不同体系透波复合材料的介电常数和损耗角正切随测试温度

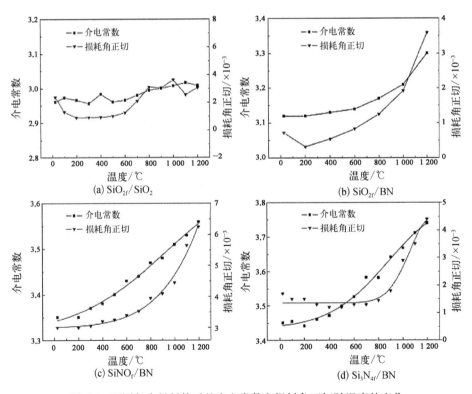

图 5.5　不同复合材料体系的介电常数和损耗角正切随温度的变化

的变化情况[6]。从室温到 1 200℃,四种复合材料的介电常数皆呈现近似线性的增加。SiO_{2f}/SiO_2 复合材料的损耗角正切对测试温度不敏感,BN 基复合材料的损耗角正切在低温下相对稳定,但在 900℃ 以上都出现了指数形式的上升,在 1 200℃ 时的损耗角正切均小于 $7×10^{-3}$,仍具有较小的介电损耗。

5.1.2　力学性能

1. 弯曲强度和弯曲模量

复合材料的弯曲强度参考工程陶瓷的三点弯曲强度测试标准《精细陶瓷弯曲强度试验方法》(GB/T 6569—2006)[7]进行测试(图 5.6)。试样尺寸为 35 mm× 4 mm×3 mm(长×宽×厚),跨距为 30 mm,加载速率为 0.5 mm/min。试样受拉面被抛光,并且要求 45° 倒角。弯曲强度的计算公式为

$$\sigma_b = \frac{3PL}{2bh^2} \tag{5.4}$$

式中,P 为测试时的最大外加载荷;L 为跨距;b 为试样宽度;h 为试样厚度。复合材料弯曲弹性模量计算公式为

$$E_b = \frac{L^3}{4bh^3} \cdot \frac{\Delta P}{\Delta f} \tag{5.5}$$

式中,E_b 为抗弯弹性模量;ΔP 为对应载荷位移曲线中直线段上的载荷增量;Δf 为对应于 ΔP 的跨距中点处的挠度增量。强度和模量数据至少取 5 个试样的平均值。

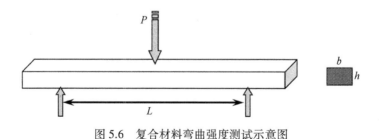

图 5.6　复合材料弯曲强度测试示意图

2. 断裂韧性

复合材料断裂韧性的测试方法参照《精细陶瓷断裂韧性试验方法——单边

预裂纹梁（SEPB）法》（GB/T 23806—2009）[8]，采用单边预裂纹梁法进行测试，如图5.7所示。试样尺寸为 30 mm×2.5 mm×5 mm（长×宽×厚），跨距20 mm，加载速率为 0.05 mm/min，计算式为

$$K_{IC} = \frac{3PL}{2bh^2}a^{1/2}f(a/h) \tag{5.6}$$

$$f(a/h) = 1.93 - 3.07(a/h) + 13.66(a/h)^2 - 23.98(a/h)^3 + 25.22(a/h)^4 \tag{5.7}$$

式中，a 为切口深度，且 $0.4 < a/h < 0.6$。其余参数的意义同式（5.4）。试验结果取 3~5 个试样的平均值。

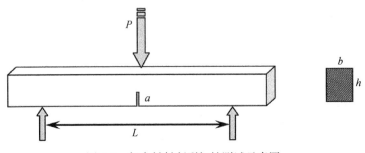

图 5.7   复合材料断裂韧性测试示意图

3. 压缩强度及压缩模量

室温压缩强度和压缩模量的测试参照《精细陶瓷压缩强度试验方法》（GB/T 8489—2006）[9]进行，如图 5.8 所示。试样尺寸为 $d = 9$ mm，$h = 18$ mm。压载速率为 0.5 mm/min。计算公式为

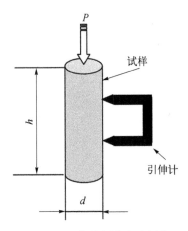

图 5.8   压缩强度测试示意图

$$s_c = \frac{4P}{pd^2} \tag{5.8}$$

$$E_c = \frac{P_e}{\varepsilon_e} \tag{5.9}$$

式中，σ_c 为压缩强度（MPa）；P 为最大外加载荷（N）；d 为试样直径（mm）；E_c 为压缩模量（GPa）；P_e 为试样弹性变形范围内的应力

（MPa）；ε_e 是与 P_e 对应的应变（无量纲）。

4. 拉伸强度、拉伸模量、拉伸应变

室温拉伸强度和拉伸模量的测试参照《纤维增强塑料拉伸性能试验方法》（GB/T 1447—2005）[10] 进行。试样尺寸如图 5.9 所示。样品采用外圆切割机切割成所需形状，用磨床磨平上下表面，磨轮为金刚石制成，粒径为 1 μm。两侧用 600#砂纸打磨。为防止在拉伸过程中夹具对试样造成损伤破坏，夹持端要进行加强。其后补充（尺寸）厚为 1 mm 的铝片，用冲击胶粘贴，固化时用虎钳均匀加压，使试样两边的厚度及试样上下表面加强部分（铝片+胶）的厚度相等，拉伸时不产生弯曲。加强铝片的形状如图 5.10 所示，粘好加强铝片的试样示意图如图 5.11 所示。测试的加载速率为 0.5 mm/min（室温）。拉伸强度 σ_t 和拉伸模量 E_t

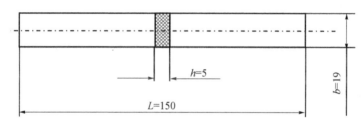

图 5.9　室温拉伸试样的外观尺寸（单位为 mm）

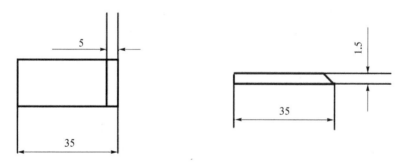

图 5.10　室温拉伸试样所用加强铝片的外观尺寸（单位为 mm）

图 5.11　粘有加强铝片的室温拉伸试样示意图

的计算公式为

$$s_t = \frac{P}{bh} \tag{5.10}$$

$$E_t = \frac{P_e}{\varepsilon_e} \tag{5.11}$$

式中,P 为测试时最大外加载荷(N);b 为试样宽度(m);h 为试样厚度(mm);P_e是试样弹性变形范围内的应力(MPa);ε_e是与 P_e对应的应变(无量纲)。

5. 高温力学性能测试

透波材料的高温弯曲强度测试与常温弯曲测试的样品尺寸、计算公式均相同。测试方法为:将试样放入高温力学试验机中,之后采用5℃/min 的速率将温度升高至测试所需温度,保温一定时间后进行力学测试,测试完毕,样品随炉冷却取出。

高温拉伸强度和拉伸模量的测试参照标准《纤维增强塑料拉伸性能试验方法》(GB/T 1447—2005)[10]进行。图 5.12 为试样外形尺寸。先将样品用磨床磨平上下表面,磨轮为金刚石制成,粒径为 1 μm。两侧用 600# 砂纸打磨,再采用外圆切割机将样品切割成 120 mm×19 mm×10 mm 的形状,最后采用数控机床将试样加工成测试所需的哑铃状。拉伸强度和拉伸模量的计算公式分别与式(5.10)和式(5.11)相同。

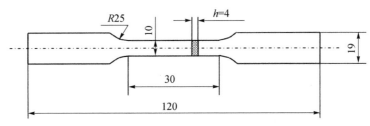

图 5.12　高温拉伸试样的外观尺寸示意图(单位为 mm)

5.1.3　热物理性能

1. 比热容

复相陶瓷的比热容采用示差扫描量热计法(DSC)测量。测量时先作 DSC曲线,然后用已知比热容(C_p')的参比样品(Ni 或 Al$_2$O$_3$,质量 m')和复相陶瓷

试样(质量 m)在相同条件下分别进行 DSC 测量,由式(5.12)求对应温度下的比热容 C_p:

$$C_p = C_p' \frac{m'y}{my'} \qquad (5.12)$$

式中,y 与 y' 分别为试样与参比样品对应的参数,一般情况下升温速率为 $10℃/min$,保护气氛为 N_2,DSC 的量程为 $5\ mW$。

复合材料的比热容根据《固体材料 60~2 773 K 比热容测试方法》GJB330A—2000 采用下落法测量[11]。试样外形及尺寸如图 5.13 所示。

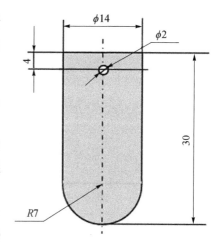

图 5.13　比热容试样外形和尺寸(单位为 mm)

2. 热膨胀系数

复合材料的热膨胀系数采用顶杆法[12]测量。在日本 TAS100 型理学热分析仪上进行测试,升温速率为 $10℃/min$,检测气氛为空气。试样尺寸为 20 mm×4 mm×4 mm。试样的线热膨胀系数 α 由式(5.13)计算。

$$\alpha = C_0 \frac{\Delta L_\alpha}{L_r} + C_1 \qquad (5.13)$$

式中,ΔL_α 为室温与高温下试样的长度变化;L_r 为室温下试样的长度;C_0、C_1 为测量系统的校正系数。

3. 热导率

材料的热导率 $\lambda(W/(m \cdot K))$ 可通过热扩散率 $\alpha(m^2/s)$、密度 $\rho(kg/m^3)$ 和比定压热容 $C_p(J/(kg \cdot K))$ 计算得到,计算公式为

$$\lambda = \alpha \cdot C_p \cdot \rho \qquad (5.14)$$

材料热扩散率 α 的测量方法如下:按照国家标准《硬质合金热扩散率的测定方法》(GB 11108—1989)[13],采用激光脉冲法测试复合材料的热扩散率,所用的仪器为德国 NETZSCH 公司的 LFA 447 型激光导热仪。试样尺寸为直径 12.7 mm、厚度 2~4 mm,测试温度为 25~260℃,参比样品为 Pyroceram 陶瓷。

5.1.4 烧蚀性能

1. 小火箭发动机烧蚀试验

小火箭发动机烧蚀试验主要是初步考核材料的烧蚀性能和抗热震性能。烧蚀试验是在小型火箭发动机上进行的,图 5.14 是试验示意图。试样的尺寸为 170 mm×120 mm×12 mm(长×宽×厚)。发动机喷管口与试样烧蚀面中心距离 S 为 100 mm,发动机喷管口轴线与试样烧蚀面中心线的夹角 α 为 30°。试验是在小发动机的高状态喷流条件下进行的,烧蚀时试样烧蚀表面的热流密度为 10 000~15 000 kW/m²,气流压力和速度分别为 0.2~0.3 MPa 和马赫数 2~3,最高温度约 4 000℃,烧蚀时间为 10 s。

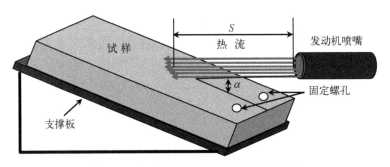

图 5.14　小型火箭发动机烧蚀试验示意图

线烧蚀率是指单位时间内试样厚度方向的烧蚀量,计算公式为

$$R_d = (d_0 - d_1)/t \tag{5.15}$$

式中,R_d 为线烧蚀率(mm/s);d_0 为烧蚀前试样的厚度(mm);d_1 为烧蚀后试样的厚度(mm);t 为烧蚀时间(s)。其中,d_0、d_1 的测试方法为:在试样长度方向的中心线上以其中心为基准点,每隔 20 mm 向两方向取 2 点,包括基准点,共有 5 点作为烧蚀测点。各点烧蚀前后点厚度值即为该点的 d_0、d_1 值。各点的 R_d 值的平均值即为试样的平均线烧蚀率(mm/s)。

2. 平头驻点烧蚀试验

平头驻点烧蚀试验是在电弧加热器上进行的。图 5.15 是试样外形尺寸及试验原理图,热流是正对试样的圆平面吹的。线烧蚀率的测定参见本节中的"小火箭发动机烧蚀试验"。

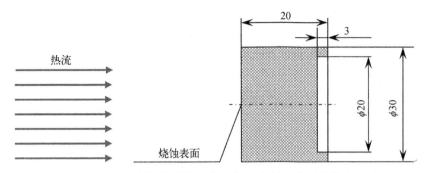

图 5.15　平头驻点烧蚀试样外形尺寸及试验原理图(单位为 mm)

3. 轨道模拟烧蚀试验

轨道模拟烧蚀试验是模拟导弹在轨飞行时天线罩迎风面的气动烧蚀情况。图 5.16 是试样外形尺寸及试验原理图,试样为 90 mm×50 mm×15 mm(长×宽×厚)的平板。用湍流导管将高温高速气体引出,对试样进行烧蚀,热流贴着试样的 90 mm×50 mm 面吹过。线烧蚀率的测定参见本节"小火箭发动机烧蚀试验"。

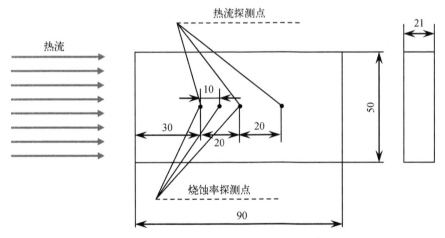

图 5.16　轨道模拟烧蚀试样外形尺寸及试验原理图(单位为 mm)

4. 氧-乙炔烧蚀试验

氧-乙炔烧蚀试验参照标准《烧蚀材料烧蚀试验方法》GJB323A—1996[14],以氧-乙炔焰为热源对材料进行烧蚀,采用质量烧蚀率及线烧蚀率表征其耐烧蚀性能。氧-乙炔烧蚀试验装置示意图如图 5.17 所示。火焰喷嘴的直径为 2 mm，烧蚀时间为 10 s。试样尺寸为 40 mm×35 mm×4 mm。试样的质量烧蚀率 R_m 和线烧蚀率 R_d 分别按照式(5.16)、式(5.17)进行计算。

$$R_m = \frac{\Delta m}{t} \tag{5.16}$$

$$R_d = \frac{\Delta d}{t} \tag{5.17}$$

式中，Δm 和 Δd 分别为试样在烧蚀试验前后的质量变化量和厚度变化量；t 为烧蚀时间。烧蚀后试样的厚度测试方法为：在复相陶瓷烧蚀后产生的近圆形烧蚀区域内取其最长弦，并在弦上取 7~9 个等距离分布的点，分别测量厚度并计算平均值，将其作为材料烧蚀后的厚度。

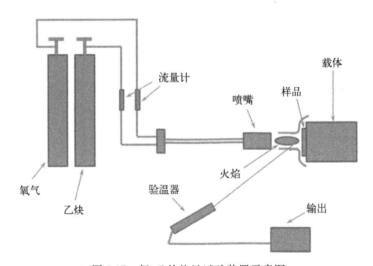

图 5.17　氧-乙炔烧蚀试验装置示意图

5. 典型透波材料烧蚀性能数据

不同透波复合材料体系的线烧蚀率和质量烧蚀率如表 5.2 所示[6]。由表 5.2 可以看出，SiO_{2f}/SiO_2 复合材料的线烧蚀率和质量烧蚀率最大，分别为 0.184 mm/s 和 0.072 g/s。SiO_{2f}/BN 复合材料的烧蚀率则最低，分别为 0.121 mm/s 和 0.057 g/s。$SiNO_f/BN$ 复合材料和 Si_3N_{4f}/BN 复合材料的烧蚀率则介于两种石英纤维增强的复合材料。

表 5.2　不同透波复合材料体系的烧蚀性能

材　料	烧蚀时间 /s	线烧蚀率 /(mm/s)	质量烧蚀率 /(g/s)
SiO_{2f}/SiO_2	10	0.184±0.011	0.072±0.007
SiO_{2f}/BN	10	0.121±0.006	0.057±0.004
$SiNO_f/BN$	10	0.126±0.005	0.062±0.003
Si_3N_{4f}/BN	10	0.130±0.007	0.065±0.004

5.2　天线罩的性能试验

为了描述天线罩承受急骤气动加热、机动过载等恶劣环境的能力,以及在恶劣工况下的透波性能,必须模拟导弹真实飞行状态,对天线罩进行各种模拟试验。地面模拟考核试验主要包括透波性能试验、振动试验、静力强度试验、力-热联合试验、风洞烧蚀试验等。[15-17]

5.2.1　透波性能试验

天线罩具有良好的满足设计要求的力学性能和热学性能及抗烧蚀能力,是导弹在飞行过程中的安全保障条件,而天线罩良好的介电性能是实现导弹精确制导的必要条件。天线罩材料的低介电常数和低介电损耗仅是保证天线罩构件具有良好综合电性能的基础,并不能完全反映真实构件的电性能。当研制天线罩及检验天线罩产品性能是否合格时,必须对天线罩的若干电性能进行检测。

衡量天线罩电性能好坏的参数主要有功率传输系数(透波率)和波束偏移。前者主要影响电信号的强弱,后者则会影响导弹的瞄准精度。影响二者的因素较多,但从材料学的角度考虑,主要有天线罩材料的介电常数和介电损耗,以及天线罩工作区的壁厚等。

天线罩电性能综合测试场结构示意图如图 5.18 所示。

5.2.2　振动试验

导弹的高速度及其在一定曲率半径轨迹飞行时的高机动性会引起垂直于飞行方向的巨大加速度,具有高推重比发动机的导弹必然产生巨大的轴向加速度。横向和轴向的巨大加速度,都会引起作用在导弹上的巨大的横向和轴向惯性力。这种惯性力可高达数倍自重,甚至更高。振动试验就是模拟考核天线罩(包括其与连接环的连接部位）承受这种惯性力的能力。图5.19是振动试验原理示意图,天线罩通过连接环固定在振动台上,振动台振动时,带动天线罩做随机高速振动。

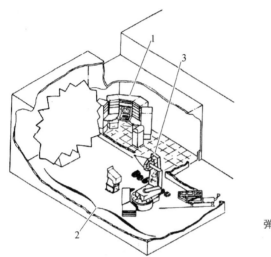

图 5.18　天线罩电性能综合测试场结构示意图
1. 测试分析系统;2. 紧缩场组件;3.天线/天线罩转台

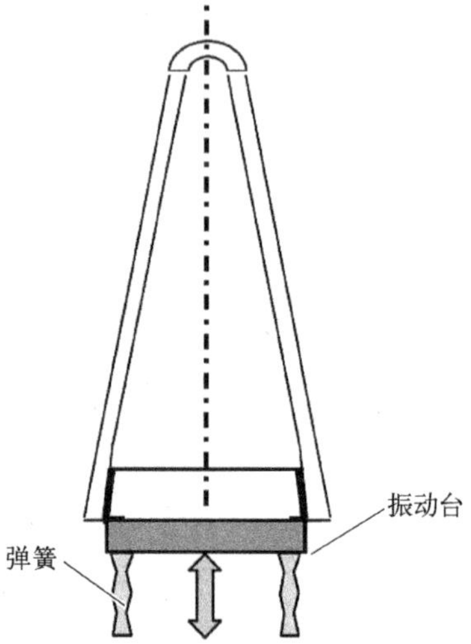

图 5.19　振动试验原理示意图

5.2.3　静力强度试验

　　静力强度试验的目的是考察天线罩的承载能力和天线罩与连接环的连接强度。将天线罩试验件固定在试验台架上,采用密封充压皮囊逐级加载,如图5.20所示。

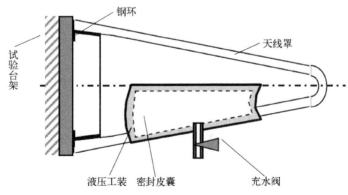

图 5.20　天线罩静力强度试验示意图

5.2.4   力-热联合试验

导弹在飞行过程中,天线罩不仅受到气动载荷的作用,同时也受到气动热的作用,即天线罩是在受热的条件下承载。因此,力-热联合试验是天线罩研制和批产过程中不可缺少的项目。力-热联合试验的特点是能够精确模拟导弹在飞行过程中天线罩承受的气动加热和各种载荷随时间的变化。该试验实际上分为两部分:一部分是图 5.20 所示的静力强度试验,另一部分是给天线罩与钢环的连接区加热至一定温度及保温一定时间后,再进行静力试验。常用的方法是采用碘钨石英灯辐射加热器进行加热。图 5.21 是力-热联合试验示意图。力-热联合试验实际上考虑到将热流与机械载荷在时域和空间域上合理叠加。此时,罩体受到气动力作用而有微小变形,对温度场分布影响不大,但由于受到两者的联合作用,对应力场会产生较大影响。

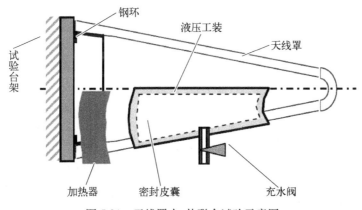

图 5.21   天线罩力-热联合试验示意图

5.2.5   风洞烧蚀试验

随着飞行马赫数的提高,气动热急剧上升,特别是当导弹的再入速度高达十几马赫时,导弹的头锥即天线罩的表面温度高达数千摄氏度,且伴随着剧烈的气流冲刷,这对天线罩的迎风面造成严重烧蚀。风洞烧蚀试验的目的就是考察天线罩在模拟导弹再入飞行热环境下的烧蚀性能。图 5.22 是风洞烧蚀试验的原理示意图。天线罩的下半边表面紧贴包罩的内壁,其上半边与包罩内壁之间有空隙,电弧热流从天线罩球头处进入空隙。空隙从天线罩球头至大端口逐渐变窄(最宽处约 6 cm,最窄处约 2 cm),以保证空隙内的压力均匀,进而保证天线罩烧蚀面上的热流密度均匀,从而使烧蚀均匀。

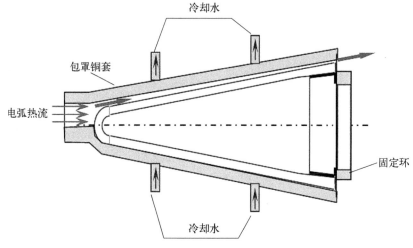

图 5.22　风洞烧蚀试验原理示意图

参 考 文 献

[1] 杜耀惟.天线罩电信设计方法.北京:国防工业出版社,1993.

[2] 王零森.特种陶瓷.长沙:中南工业大学出版社,2003.

[3] Robert S, Hippie H V. A new nethod for measuring dielectric constant and loss in the range of centimeter waves. Journal of Applied Physics, 1946, 17(7): 610−616.

[4] 刘坤.先驱体转化氮化物透波复相陶瓷的制备与性能研究.长沙:国防科学技术大学博士学位论文,2014.

[5] 李仲平.热透波机理与热透波材料.北京:中国宇航出版社,2013.

[6] 邹春荣.氮化物纤维增强氮化硼陶瓷基透波复合材料的制备与性能研究.长沙:国防科学技术大学博士学位论文,2016.

[7] 中华人民共和国国家质量监督检验检疫总局,中国国家标准化管理委员会.精细陶瓷弯曲强度试验方法:GB/T 6569—2006.北京:中国标准出版社,2006.

[8] 中国建筑材料联合会.精细陶瓷断裂韧性试验方法——单边预裂纹梁(SEPB)法:GB/T 23806—2009.北京:中国标准出版社,2009.

[9] 中华人民共和国国家质量监督检验检疫总局,中国国家标准化管理委员会.精细陶瓷压缩强度试验方法:GB/T 8489—2006.北京:中国标准出版社,2006.

[10] 中华人民共和国国家质量监督检验检疫总局,中国国家标准化管理委员会.纤维增强塑料拉伸性能试验方法:GB/T 1447—2005.北京:中国标准出版社,2005.

［11］国防科学技术工业委员会.固体材料 60～2 773 K 比热容测试方法：GJB 330A—2000.北京：中国标准出版社,2000.

［12］中华人民共和国国家质量监督检验检疫总局,中国国家标准化管理委员会.金属材料热膨胀特征参数的测定：GB/T 4339—2008.北京：中国标准出版社,2009.

［13］硬质合金热扩散率的测定方法：GB 11108—2017.北京：中国标准出版社,2017.

［14］国防科学技术工业委员会.烧蚀材料烧蚀试验方法：GJB 323A—1996.北京：中国标准出版社,1996.

［15］李斌.氮化物陶瓷基耐烧蚀、透波复合材料及其天线罩的制备与性能研究.长沙：国防科学技术大学博士学位论文,2007.

［16］姜勇刚.石英织物增强氮化物陶瓷基复合材料及其天线罩的制备与性能研究.长沙：国防科学技术大学博士学位论文,2007.

［17］王思青.石英-氮化物陶瓷基天线罩材料及构件的制备工艺与性能研究.长沙：国防科学技术大学博士学位论文,2007.

第6章 总结与展望

6.1 总　　结

精确打击和高速机动飞行是现代高性能导弹武器的主要特征与发展方向，这决定了导弹天线罩向集耐高温、承载、透波和抗烧蚀等多功能于一体以及轻质、高强度和薄壁化的方向发展。高性能透波材料的研制是高速精确制导航天武器的基础，是发展各类高性能导弹不可缺少的关键技术之一，直接影响了先进型号的设计、研制和发展。

适宜用作天线罩的透波材料主要包括有机材料、单相陶瓷材料和陶瓷基复合材料。有机材料耐温性能不高，单相陶瓷材料韧性和可靠性不足，只有连续纤维增强的陶瓷基复合材料才能满足高马赫数的飞行要求。在氧化物基、氮化物基和磷酸盐基复合材料中，氮化物基透波复合材料具有优异的介电性能和高温稳定性能，良好的高温力学性能、抗热震性能及抗烧蚀性能，是目前国内外重点研究的新型透波材料，代表新一代高温透波材料的发展方向。

开展天线罩构件研制，首先须对透波结构进行设计，主要包括介电性能设计、力学性能设计和天线罩连接方案设计等。透波结构的介电性能设计，即在对电磁波在材料介质中的传播理论深入了解的基础上，结合材料的介电性能参数以及薄壁罩壁、单层谐振型罩壁和夹层罩壁等不同结构特点，计算出最佳壁厚，使天线罩在指定频段具有较高的透波率；同时，要考虑其内部天线的辐射特性影响，通常把天线和天线罩作为一个整体来分析。透波结构的力学性能设计，即在选定合适的透波增强体和基体材料的基础上，根据纤维体积分数及纤维在各个方向的分布、编织体内孔隙的大小分布、纤维在外力作用下的变形能力等要求，确定增强体的编织结构以及罩壁的阶数，以满足承载的要求。天线罩连接方案设计，即确定天线罩与连接环及后部舱段的连接方式，克服陶瓷基复合材料与金属的热不匹配以及高温黏接剂等问题，实现其整体结构的稳定性和可靠性。

在先驱体转化氮化物透波复合材料的研制过程中，陶瓷先驱体的合成是制备透波复合材料的基础,也是极为关键的环节。先驱体的交联特性往往决定了成型工艺的可操作性,先驱体裂解过程中的变化直接影响着最终材料的结构与性能,因此合成合适的陶瓷先驱体,并对其交联与裂解过程进行研究是非常重要的。氮化物陶瓷先驱体主要包括 BN、Si_3N_4 以及 $Si-B-N$ 的无碳陶瓷先驱体。

先驱体浸渍—裂解工艺制备氮化物透波材料的基本过程:以纤维预制件或多孔陶瓷素坯为增强体,在真空条件下将其浸渍于具有一定流动性的陶瓷先驱体中;之后,将预制件或陶瓷素坯烘干或者进行一定程度的交联固化,再于特定的气氛中进行高温裂解;经过多次的浸渍—交联—裂解循环过程可得到相对致密的复合材料。选择不同的增强体和氮化物基体,可制备出多种热、力、电综合性能良好的透波复合材料,包括石英纤维增强氮化硼(SiO_{2f}/BN)、氮化硼纤维增强氮化硼(BN_f/BN)、硅氮氧纤维增强氮化硼($SiNO_f/BN$)、氮化硅颗粒增强氮化硼(Si_3N_{4p}/BN)、石英纤维增强氮化硅(SiO_{2f}/Si_3N_4)、石英纤维增强硅硼氮($SiO_{2f}/Si-B-N$)等。

在先驱体浸渍—裂解工艺中,增强纤维的耐温性和结构稳定性通常有限,而基体的先驱体又具有较高活性和侵蚀性,常发生纤维与基体间的界面反应,从而使其结合过强,导致复合材料整体性能偏向脆性断裂。因此,界面的优化控制极为关键。纤维涂层是一种行之有效的界面控制途径。以硼吖嗪为原料,采用CVD法可制备出连续均匀致密的具有乱层石墨结构的 BN 涂层,能改善纤维与基体的界面性能,有效提升纤维对复合材料的增强增韧效果。

大尺寸异型透波构件的制备与成型主要包括模具的设计、纤维织物的编织、天线罩的复合与加工,以及天线罩防潮涂层的制备等步骤。采用先驱体转化工艺,可有效解决陶瓷材料成型难、加工难、烧结温度高、脆性大、可靠性低等问题,可实现材料在较低温度下的制备,且易于加工,它是一种行之有效的大尺寸复杂构件近净成型技术。

综上,本书针对新一代航空航天飞行器对热、力、电一体化透波材料及其近净成型工艺的迫切需求,在对耐高温透波复合材料体系和工艺进行设计的基础上,突破了无碳高纯氮化物陶瓷先驱体的高产率合成技术、氮化物先驱体的原位高致密度交联技术、氮化物透波复合材料快速致密化及性能调控技术、大尺寸异型复杂构件的近净成型技术等关键技术,发明了一系列无碳氮化物陶瓷先驱体及氮化物透波复合材料,丰富了我国的高温透波材料体系,为航天总体设计部门的设计、选材和应用提供了技术积累。

6.2　展　　望

随着航天技术、雷达技术及新材料技术的不断进步及战场环境的需要,航空航天飞行器的飞行马赫数不断提高,机动性不断增强,使得天线罩材料的工作温度越来越高,工作频率也向宽频和超高频的方向发展。此外,随着现代化战争攻防对抗日益激烈,战场环境日趋复杂,单一的制导模式已难以适应未来战争的需要。将各种制导方式串接或并行组合,巧妙利用各自长处的多模复合制导方式越来越引起人们的重视。因此,为适应新型装备的高速、高频、宽频以及多模制导的要求,开发新型透波材料及其结构势在必行。

近几十年来,世界各军事强国均致力于高速精确制导武器的研发,在航天透波材料方面取得了瞩目的成就。但是,与未来新型装备发展的需求相比,仍然存在相当的差距,主要包括以下方面:

(1) 透波材料的热防护能力不足,难以满足高马赫数长时间飞行的需要;

(2) 新型透波材料与结构的创新能力缺乏。

究其原因,一方面,关键原材料的缺乏,导致复合材料的综合性能与新型装备的发展需求存在差距;另一方面,可选的材料体系不多,针对新型制导方式的高性能、耐高温、抗烧蚀、高透波材料体系匮乏。

主要原因分析如下:

(1) 关键支撑性原材料的研究相对滞后,尚不能完全满足高性能透波陶瓷基复合材料发展需求;

(2) 材料的综合性能表征、材料的性能预测与模拟考核等尚不能完全满足材料研究与应用评价的需求;

(3) 针对新的制导方式、新的材料体系的原始性创新能力缺乏;

(4) 应用开发不足,导致材料的实际应用受到限制。

我们必须继续加大基础研究的力度,增强自身的创新能力,提高工艺设备和测试设备的整体水平,并适当增大演示验证的投入,瞄准新的应用领域,拓宽应用前景,推动我国高温透波材料领域的可持续发展,进而提高我国航空航天装备的整体水平。一方面,加强对创新科研的支持,大幅度增加有良好应用前景的基础科研的支持力度,为新型装备的研制和发展提供前瞻性的技术储备;另一方面,对创新科研进行积极的引导和转化,力争使其科研成果早日应用到装备中,提高装备的综合效能。